天然气水合物开发理论与技术

李占东　张海翔　李吉　刘淑芬　李阳　编著

图书在版编目（CIP）数据

天然气水合物开发理论与技术 / 李占东等编著 .—北京：中国石化出版社，2018.8
ISBN 978-7-5114-4901-6

Ⅰ.①天… Ⅱ.①李… Ⅲ.①天然气水合物-气田开发-研究 Ⅳ.①P618.13

中国版本图书馆 CIP 数据核字（2018）第 167674 号

未经本社书面授权，本书任何部分不得被复制、抄袭，或者以任何形式或任何方式传播。版权所有，侵权必究。

中国石化出版社出版发行
地址：北京市东城区安定门外大街 58 号
邮编：100011 电话：(010)57512500
发行部电话：(010)57512575
http://www.sinopec-press.com
E-mail:press@sinopec.com
北京富泰印刷有限责任公司印刷
全国各地新华书店经销

*

787×1092 毫米 16 开本 10.25 印张 203 千字
2021 年 1 月第 1 版　2021 年 1 月第 1 次印刷
定价：76.00 元

前言 Preface

天然气水合物是一种非常规的、清洁的、不可再生的天然气资源。自20世纪90年代以来，天然气水合物作为一种新能源已被各国争相研究。我国从1997年开始，由国土资源部牵头，在南海北部神狐海域和青海省祁连山南缘永久冻土带进行天然气水合物勘探，获得了可喜的成果。经预测，天然气水合物资源量巨大，其有机碳含量约占全球有机碳含量的53%，约为现有石油、天然气和煤炭资源总量的两倍。天然气水合物的有效开发，必将缓解常规油气资源匮乏的压力，为国民经济的持续发展提供有力的支持。天然气水合物藏开采的渗流问题伴有极其复杂的物理化学过程；天然气水合物藏开采的工程技术是一种高度复杂的固体-流体性质的资源-能源开采工程技术。为了有效开发天然气水合物藏，必须及早地开展与此相关的科学研究和技术开发，打好科学基础，做好技术储备。

本书共分为8章：第一章，天然气水合物矿藏开发概况；第二章，天然气水合物物理性质及生成机理；第三章，天然气水合物气矿的形成；第四章，天然气水合物勘探方法；第五章，天然气水合物的钻探及取样；第六章，天然气水合物开发技术实验研究；第七章，天然气水合物开发技术数值模拟；第八章，天然气水合物开发安全评价。书中既有理论介绍，又有实例分析，内容较为丰富。全书文字简洁，并辅以大量图表，图文结合，实用性强，可供从事天然气水合物勘探开发工作的科研、生产、管理人员阅读参考，也可作为海洋油气工程专业教材使用。

本书由东北石油大学海洋油气工程系教师和大庆职业学院教师联合编写，具体编写分工如下：第一章、第四章由李占东编写；第二章、第七章由张海翔编写；第五章由李吉编写；第三章由刘淑芬编写；第六章、第八章由李阳编写；全书由李占东统稿并进行了审核。本书在出版过程中，东北石油大学地球科学学院研究生戴昊天、董桂彤、杨漫坪、王鹏、冯加志、王雨萱，石油工程学院研究生王鹏、李春绪、刘晨帆、张树鑫、庞鸿、顾亚萍、王佳琪、王久星从事了初稿的文字录入等工作，在此表示衷心感谢。

由于天然气水合物相关理论、技术发展日新月异，编写过程中虽参考了大量文献及资料，并经行业专家多次审查和修改，但由于编著水平有限，书中的一些观点难免存在一定的局限性，敬请广大读者予以谅解并批评指正，日后我们将不断进行修改、完善。

目录 CONTENTS

第一章 天然气水合物矿藏开发概况 …………………………………………（ 1 ）

第一节 天然气水合物的概念和特点 ……………………………………………（ 1 ）
第二节 天然气水合物的研究历程及国内外研究现状 …………………………（ 3 ）
第三节 天然气水合物矿藏开发的意义 …………………………………………（ 7 ）
第四节 天然气水合物矿藏的分布及资源量 ……………………………………（ 10 ）

第二章 天然气水合物物理性质及生成机理 …………………………………（ 14 ）

第一节 天然气水合物的物理性质 ………………………………………………（ 14 ）
第二节 天然气水合物的生成机理 ………………………………………………（ 22 ）

第三章 天然气水合物矿藏的形成 ……………………………………………（ 28 ）

第一节 天然气水合物矿藏形成条件 ……………………………………………（ 28 ）
第二节 不同地质构造背景下天然气水合物的分布及形成特征 ………………（ 31 ）
第三节 天然气水合物成因分析 …………………………………………………（ 45 ）

第四章 天然气水合物勘探方法 ………………………………………………（ 50 ）

第一节 天然气水合物的识别标志 ………………………………………………（ 50 ）
第二节 天然气水合物矿藏的勘探方法 …………………………………………（ 67 ）
第三节 天然气水合物资源评价技术 ……………………………………………（ 78 ）

第五章　天然气水合物的钻探及取样 ……………………………………… （83）

第一节　天然气水合物钻探概况 ………………………………………… （83）
第二节　天然气水合物钻探技术 ………………………………………… （85）

第六章　天然气水合物开发技术实验研究 ……………………………… （86）

第一节　多孔介质中天然气水合物实验系统概况 ……………………… （86）
第二节　多孔介质中天然气水合物的基础性质 ………………………… （86）
第三节　天然气水合物 CO_2 置换开发实验 …………………………… （103）

第七章　天然气水合物开发技术数值模拟 ……………………………… （107）

第一节　数值模拟研究概况 ……………………………………………… （107）
第二节　天然气水合物渗流机理描述 …………………………………… （111）
第三节　天然气水合物开发数学模型 …………………………………… （112）
第四节　天然气水合物开发数值模拟技术应用 ………………………… （132）
第五节　天然气水合物开发数值模拟研究中存在的问题 ……………… （149）

第八章　天然气水合物开发安全评价 …………………………………… （150）

参考文献 ………………………………………………………………………… （157）

第一章 天然气水合物矿藏开发概况

近年来,随着我国社会经济的持续发展,能源供不应求之矛盾日益突增。目前,我国石油进口量已经超过总消费量的50%,2017年,我国能源进口量超过美国,已经成为世界上最大的能源进口国。因此,拓展未来能源勘探开发新领域迫在眉睫。天然气水合物被誉为未来的战略接替能源,具有污染小、储量大、分布广、能量密度高等独特优势,开发前景广阔,引起世界各国的高度重视。在我国,天然气水合物资源主要分布在南海海域、东海海域及青藏高原冻土带、黑龙江漠河盆地等区域。目前,我国正积极筹划加快天然气水合物勘探开发进程。2017年5月18日,我国南海神狐海域天然气水合物开发取得历史性突破,成了全世界实现海域天然气水合物勘探开发的第一个国家,新华社受权发布《中共中央、国务院对海域天然气水合物试采成功的贺电》,标志着我国天然气水合物开发进入了实质性阶段。无独有偶,同年5月,中国海油采用自主研制的全套装备和技术,在全球首次成功实施海洋非成岩天然气水合物固态流化试采;7月7日,媒体再次报道我国祁连山冻土区天然气水合物勘探开发取得进展。2017年11月,国务院批准天然气水合物为我国第173个矿种。

即便如此,天然气水合物试采与大规模商业化开发之间还有很长的一段距离,因此,研究天然气水合物开发技术,并使天然气水合物对深海常规油气安全生产、全球碳循环、全球气候变化、海底稳定性的影响方面的研究取得长足进展,进而使我国在国际天然气水合物前沿领域占有一席之地,这对于提高我国科技水平,实现未来能源接替,改善能源结构,增强国际竞争力和维护我国海洋权益,都具有十分重要的意义。

第一节 天然气水合物的概念和特点

天然气水合物,又称笼形包合物,是在一定条件(合适的温度、压力、气体饱和度、水的盐度、pH值等)下,由水和天然气组成的类冰的、非化学计量的、笼形结晶化合物。它可用"$M \cdot nH_2O$"来表示,其中,M代表水合物中的气体分子,n为水合指数(即水分子数,通常$n=5.7$)。组成天然气的成分包括如CH_4、C_2H_6、C_3H_8、C_4H_{10}等同系物,以及CO_2、

N_2、H_2S等，从而可形成单种或多种天然气水合物。形成天然气水合物的主要气体为甲烷，甲烷分子含量超过99%的天然气水合物通常称为甲烷水合物。天然气水合物多为白色或浅灰色晶体，外貌类似冰雪，可以像酒精块一样被点燃，故也有人称其为"可燃冰"、"气冰"或"固体瓦斯"。

天然气水合物在自然界广泛分布于大陆冻土带、岛屿的斜坡地带、活动和被动大陆边缘的隆起处、极地大陆架及海洋和一些内陆湖的深水环境中。在标准状况下，$1m^3$天然气水合物可分解为约$164m^3$（最高可达$200m^3$）天然气和$0.8m^3$水。因此，天然气水合物是一种重要的高效能源。

天然气水合物作为潜在高效清洁能源，是地球上尚未规模开发的最大未知能源库，具有分布广泛、资源量大、埋藏浅、能量密度大、清洁等特点。

（1）分布广泛。据推算，世界上约27%的陆地和90%的海域都具备生成天然气水合物的温度、压力条件；世界上天然气水合物矿藏的面积可达全部海洋面积的90%以上。目前，已发现的天然气水合物矿藏主要分布在两类地区（图1-1）：一类是海洋天然气水合物主要分布的水深为200~4000m的大陆架、洋中脊、海沟、海岭等，该类地区的天然气水合物储量约占全球储量的90%，矿体多呈层状和透镜状，单个矿体厚度为数十厘米到数百米，有的甚至达到1000m，矿体面积可达数万到数十万平方千米，单个海域的天然气水合物资源量可达数万至数百万亿立方米；另一类是陆域永久冻土区，主要分布在高纬度的极地或海拔较高的冻土地带，如俄罗斯西伯利亚麦索亚哈气田便是第一个、也是迄今为止唯一一个商业开发的天然气水合物气田。据初步研究，我国东海陆坡和南海陆坡及盆地具备天然气水合物的成藏条件和找矿前景，其中，南海西沙海槽、台湾东南陆坡已发现天然气水合物存在的地球物理标志。

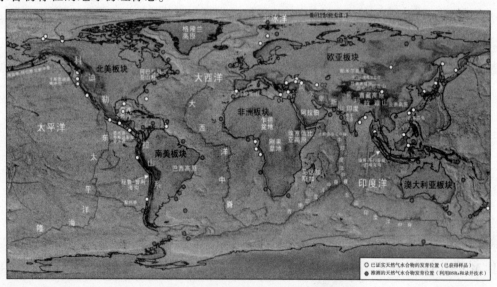

图1-1 全球天然气水合物分布图

(2)资源量大。天然气水合物有机碳储量约相当于全球已探明矿物燃料(煤炭、石油、天然气)的两倍,据统计预测,全球天然气水合物资源量可供人类使用1000年。全球天然气水合物中的有机碳约占全球有机碳的53.3%,而煤、石油、和天然气三者之和仅占26.6%。据保守估计,我国天然气水合物的总资源量超过$800 \times 10^8 t$油当量,接近我国常规石油资源量,约是常规天然气资源量的两倍。按当前的消耗水平,可满足我国近200年的能源需求。

(3)埋藏浅。天然气水合物的形成与分布主要受烃类气体来源和一定的温压条件控制。天然气水合物的形成必须有充足的天然气来源,必须有低温或高压条件,这决定了它的特殊分布。如前文所述,天然气水合物主要分布在两类地区:一类是海域,天然气水合物主要是在高压条件下形成的,主要分布于泥质海底,赋存于海底以下1~1500m的松散沉积层中;另一类是陆域永冻土带,天然气水合物主要是在低海面时期低温条件下形成的。与常规石油和天然气比较,天然气水合物矿藏埋藏较浅,有利于商业开发。

(4)能量密度大。天然气水合物是一种能量密度很高的矿产资源,在标准状况下,单体积的天然气水合物燃烧所释放的热量远远大于同体积的煤、石油和天然气(约为煤的10倍,常规天然气的2~5倍)。

(5)清洁。天然气水合物分解释放后的成分主要是甲烷,它比常规天然气含有更少的杂质,燃烧后几乎不产生污染物质,因而是理想的清洁能源。

第二节 天然气水合物的研究历程及国内外研究现状

一、天然气水合物研究的发展历程

世界上对天然气水合物的研究大致经历了四个阶段:

(1)实验室探索阶段。1778年,Joseph Priestley因好奇而在冷冻实验中观察到水溶液能在氯气和溶液未结冰的条件下结冰(形成水合物)。1810年,Davy正式发现了氯气水溶液在温度低于时形成的水合物,并于1811年著书正式提出"气水合物"一词。当时,学者们对水合物的研究主要源于学术兴趣,如探究何种物质能形成水合物及其所需要的温度和压力条件等。1832年,Faraday在实验室合成氯气水合物,并对水合物的性质做了较系统的描述。此后,人们陆续在实验室合成了多种气水合物,并提出了著名的Debray规则——在给定温度下,所有可分解成固体和气体的固态物质都有一个确定的分解压力,且该压力随温度而变化。1884年,Roozeboom提出了天然气水合物形成的相理论。此后不久,Villard在实验室合成了等的水合物。1919年,Scheffer和Meijer建立了一种新的动力学理论方法来直接分析天然气水合物，他们应用 Clausius-Clapeyron 方程建立三相平衡曲线，用于推测水合物的组成。

(2)管道堵塞与防治阶段。出于工程需要，1934年，苏联科学家 Hammerschmidt 通过实验确认了堵塞天然气管道的固体物质是天然气与水形成的水合物而不是冰，并公布了水合物造成输气管道堵塞的有关数据。当时正值美国油气工业高速发展时期，为了在管道输送和加工过程中抑制水合物生成，一些企业、政府和大学的研究机构相继开始对水合物进行深入研究。在这个阶段，研究主题多为工业条件下天然气水合物的预报和清除、天然气水合物生成抑制剂的研究和应用。我国在这方面相关研究也是硕果累累，国内专家开发了多款天然气水合物形成预测软件，并成功研制了多种水合物抑制剂。

(3)调查研究阶段。1968年，苏联科学家罗费姆克等发现了天然气的一个特性，即它可以以固态形式存在于地壳中。特罗费姆克等的研究工作为世界上第一座天然气水合物矿藏——麦索亚哈气田的发现、勘探与开发提供了重要的理论依据，大大拓宽了天然气地质学的研究领域。1971年前后，美国学者开始重视天然气水合物研究。1972年，科学家在阿拉斯加获得世界上首次确认的冰胶结永冻层中的天然气水合物实物。对天然气水合物矿藏成功的理论预测，以及对天然气水合物形成带内样品的成功检出和测试，被认为是20世纪最重大的发现之一。这使天然气水合物在能源方面展现出广阔前景。在这一阶段，世界各国科学家对天然气水合物的类型及物化性质、自然赋存和成藏条件、资源评价、勘探开发技术及其与全球变化和海洋地质灾害的关系等进行了广泛而卓有成效的研究。

(4)试验开发阶段。2002年，美、日、德、加、印5国的8个机构联合在加拿大麦肯齐三角洲冻土带 Mallik 计划进行 Mallik5L-38 井试采，这是人类史上第一次从能源角度对天然气水合物进行钻探研究，标志着天然气水合物研究进入了第四个阶段。此次试采采用注热法，连续生产5天，累计采出 $463m^3$。此后，美、日、韩等各国相继开展天然气水合物试采试验，尤其以日本研究热情最为高涨。我国也投入该领域的研究中，并于近年取得了突破性进展。

二、国内外研究现状

近年来，关于天然气水合物的科研工作，引起了世界多国的高度重视，美、俄、日、法、瑞典等国所开展的相关研究较为广泛、深入，其科研范畴大致分为两大领域：一是以地质学、物理学、化学为基础的基础科学研究；另一领域是海上大量已知天然气水合物矿藏的钻探、开发、集输、安全技术等研究。后者比前者难度更高、投资更大。

1. 国外研究现状

从1810年在实验室首次正式发现天然气水合物至20世纪50年代末，人们关注研究其组成、结构、相平衡和生成条件，目的在于消除它带来的输气管道堵塞现象，并探讨其分解可能引起地质灾害等。20世纪60年代早期，苏联学者借助地震地球物理方法首次在西伯利亚永冻层中发现天然产出的天然气水合物，在陆地冻土带首先发现了第一个具有商业开发价值的天然气水合物矿藏——麦索亚哈气田，引起世界各国的重视。美国、日本、苏联、加拿大、英国、挪威、德国、印度、巴西、韩国等相继投入巨资进行资源勘测。20世纪70~80年代，美国、加拿大、苏联、日本等十几个国家联合实施了深海钻探计划(DSDP)和大洋钻探计划(ODP)，在许多海域的海底(如鄂霍克茨海、墨西哥湾、大西洋、北美太平洋一侧和拉丁美洲太平洋一侧等海域)都采集到了天然气水合物样品，大规模的国际合作成果卓著，天然气水合物研究及综合普查勘探工作进入了全面发展阶段。

20世纪80年代以来，许多国家都从能源储备战略角度考虑，纷纷制定了关于天然气水合物研究的长远发展规划和实施计划，美国、日本、印度等国家更将其列入国家研究开发计划。尤其是20世纪90年代以来，新技术、新方法的大量使用，使天然气水合物的物化性质、产出条件、分布规律、实验模拟、勘查技术、储量评估、开发工艺、环境影响、经济评价等方面研究朝着更全面、更精深的方向发展。

苏联是研究天然气水合物最早的国家之一。早在20世纪30年代，苏联科学家为了预防和疏通西伯利亚油气管道堵塞，保障油气管道畅通，便开始对天然气水合物的结构和形成条件进行研究。从20世纪70年代开始，苏联紧跟美国步伐，也在其周围海域和内陆海中开展天然气水合物调查与研究工作。20世纪80年代以来，苏联通过海底表层取样和地震调查等技术，相继在黑海、里海、贝加尔湖、鄂霍次克海、白令海、千的岛海沟等海域发现了天然气水合物矿藏和矿点并进行了区域评价。目前，俄罗斯仍在巴伦支海和鄂霍次克海等海域进行天然气水合物的调查与研究工作。

美国是开展海洋天然气水合物调查最早的国家，在20世纪60年代末、70年代初，首次在墨西哥湾和布莱克海台实施天然气水合物调查。到目前为止，已经在其东南大陆边缘、俄勒冈外太平洋西北边缘、阿拉斯加北坡、墨西哥湾大陆边缘、密西西比峡谷等海域进行了天然气水合物调查，并绘制了全美海洋天然气水合物的矿藏分布图，评价了各矿区的资源量和开发潜力。1981年，美国投入800万美元制定了天然气水合物10年研究计划；1999年，制定了"国家甲烷水合物多年研究和开发项目计划"，计划在10年内投入2亿美元开展相关研究，并计划在2015年投入试生产，2030年投入商业生产。

日本的天然气水合物工作开展较晚，但发展十分迅速。日本于1992年开始重视海洋天然气水合物研究工作，1995年投入150亿日元制定了5年期"甲烷水合物研究及开发推进初步计划"。目前，已基本完成周边海域的天然气水合物调查与评价，圈定了12块矿集区，并于2007、2013、2015、2016、2017年相继进行天然气水合物钻探和试采工作。

印度也十分重视天然气水合物的潜在价值。1995年，印度制定了5年期"全国气体水合物研究计划"，由国家投资5600万美元在其东、西部近海开展天然气水合物的调查研究工作。迄今为止，在印度海域的 KK 盆地和 KG 盆地已初步显示出良好的找矿前景，并于 2006 年和 2015 年完成了印度大陆边缘 NGHP01、02 航次研究工作。

从现代技术的可能性及技术生态安全的需要出发，人们特别关注的是在现有经济技术条件下能否从天然气水合物中开发出大量天然气。为了提高经济效益而开发天然气水合物矿藏，还必须在天然气水合物勘探开发工程方面补足许多技术缺口。

2. 国内研究现状

20 世纪 90 年代初，我国开始关注国外有关天然气水合物研究的情况，到 90 年代末已经有一批科学家着手涉足此领域并很快取得了初步经验积累。总的来看，我国天然气水合物的研究已经由跟随国外成果（包括消化国外资料、评价国外进展、了解国外实验和技术方法等）转到本国实际目标的研究上（例如，对我国海域天然气水合物资源的初步评价，局部的地震工作和未来勘探方向研究，等等）。目前，我国已经能够在实验室合成含有泥沙沉积物的天然气水合物，并对存在天然气水合物资源的青藏高原冻土层及东海、南海等若干重要地区确定了勘探规划。

1997 年，中国地质科学院完成了"西太平洋气体水合物找矿前景与方法的调研"项目，认为西太平洋边缘海域，包括我国东海和南海，具备天然气水合物的成藏条件和找矿前景。1998 年，我国正式以"六分之一成员国"身份加入大洋钻探计划（ODP）。中国地质调查局广州海洋地质调查中心重新检查了南海北部陆坡区近 3.0×10^4 km 的地震剖面，青岛海洋地质研究所检查了东海陆坡 126 专项实施的地震剖面，发现多处具有天然气水合物矿藏的地震标志——似海底反射层（BSR）。俄罗斯专家在对我国东海进行海水气体地球化学的系统调查时，曾在冲绳海槽中段的西部陆坡和钓鱼岛附近海域发现多处甲烷气体异常，台湾海洋大学也在冲绳海槽南端发现了 BSR。1999 年年初，以中国科学家为主的 ODP184 航次在南海实施钻探，岩心分析显示有天然气水合物存在的氯异常。1999 年，中国地质调查局进行了"西沙海槽区天然气水合物资源前期调查"，在 130km 的地震剖面上识别出天然气水合物的地震标志，证明我国管辖海域也有天然气水合物。2002 年，中国地质调查局开始系统组织实施我国海洋天然气水合物的调查与研究，全面部署我国海域天然气水合物资源调查工作，在东海、南海、黄海海域都发现了大面积 BSR 标志层。2004 年，中德科学家联合考察团在我国南海发现了天然气水合物的存在。据推测，南海天然气水合物储量约为 700×10^8 t 石油当量。2005 年，开始开展我国陆域天然气水合物资源调查工作，并确认羌塘盆地具备良好的天然气水合物成藏条件和找矿前景，其次是祁连山木里地区、东北漠河盆地和青藏高原的风火山地区等。2007 年 5 月 1 日，我国在南海神狐海域钻获了天然气水合物实物样品，使此海域成为世界上第 24 个采到天然气水合物实物样品的地区，第 22 个在海底采到天然气水合物实物样品的地区，第 12 个通过钻探工程在海底采到天然气水合物实物样品的地区。我国也因此成为继美国、日本、印度之后第 4 个通过国家级研发计划采到天然气水合物实物样品的国家，标志着我国天然气水合物调查研究水平步入世界先进行列。2008年，青海祁连山木里盆地成功钻获天然气水合物实物样品。2015年，在祁连山木里盆地采用降压法和加热法成功将冻土层130~400m深处天然气水合物分解，但产气量甚微。2017年5~7月，我国首次海域天然气水合物试采在南海神狐海域连续产气近60天，累计产气量达$30.9 \times 10^4 m^3$，创造了产气时长和总量的世界纪录，意味着我国初步具备了深海钻井、完井、试采能力。在南海天然气水合物试采成功，不但实现了天然气水合物勘查开发理论、技术、工程和装备的自主创新，而且打破了我国在天然气水合物勘探开发领域长期"跟跑"的局面，抢占了天然气水合物科技创新高点，是我国在天然气水合物开发利用过程中的重要里程碑。2018年1月23日，在全国地质调查工作会议上，中国地质调查局表示，2018年我国将加快推进天然气水合物产业化进程，加强与相关部门合作，大力推进我国南海神狐海域等天然气水合物先导试验区建设，并将加强天然气水合物资源评价和环境调查，开展关键技术研发。

研究表明，我国许多海域具有天然气水合物形成条件，我国东海陆坡、南海北部陆坡、台湾东北和东南海域、冲绳海槽、东沙和南沙海槽等地域均有天然气水合物产出的良好地质条件；此外，初步勘查表明，我国是世界冻土第三大国，尤其是青藏高原是多年生冻土带，可能埋藏着丰富的天然气水合物。目前，经过科学家对我国海域天然气水合物的研究，取得的主要成果有：①针对天然气水合物的地球物理属性研究认为，天然气水合物成藏带的顶、底面是一个客观存在的物性界面，BSR是其底面的标志，对BSR发育位置的温压场研究表明，南海海域天然气水合物发育的温压条件与全球相关海域天然气水合物发育温压场环境具有较好的可比性；②对天然气水合物沉积学的研究表明，天然气水合物主要分布于三角洲前缘与浅海接壤处，在浅海与半深海连接处也有少量分布，它们所对应的砂泥岩含量为25%~50%，说明天然气水合物一般存在于地形转折处的下端、岩性中等偏细的沉积中；③在对地质、地球物理及地球化学综合分析的基础上，根据地震剖面的解释成果，初步圈定了南海海域的有利远景区，相关的地球化学资料及高分辨率地震资料表明，南海北部具有较为有利的天然气水合物成藏环境。

第三节 天然气水合物矿藏开发的意义

天然气水合物储量巨大，足以取代日益枯竭的传统能源，天然气水合物的勘探开发是继页岩气后又一次能源革命。天然气水合物开发是建设海洋强国和科技强国的重要举措，是维护国家海洋主权的里程碑。不仅如此，天然气水合物开发还具有潜在的科学价值。地史时期海平面变化、海底地壳活动及未来人类开发不当，都有可能导致海底天然气水合物泄漏，从而引起全球变暖，也有可能引起海底滑坡、破坏海洋生态环境。因此，相关研究有可能对地质学、环境科学和能源工业等的发展产生深远影响，这一点已经引起世界上许多国家的高度重视。

一、潜在能源

随着传统油气能源的逐渐减少，人类对非传统能源的需求量越来越大，天然气水合物将逐渐成为一种重要的清洁替代能源。据专家估计，天然气水合物中甲烷资源量约为 $2.0 \times 10^{16} m^3$，是当前已探明的矿物燃料（煤、石油和天然气）总量的两倍，是十分重要的潜在能源。

目前，我国正面临着巨大的能源压力。20 世纪 90 年代初，我国开始由原油出口国变为进口国；2016 年，我国石油对外依存度升至 65.4%，成为国际上最大油气进口国；2017 年，我国全年原油进口量突破 $4 \times 10^8 t$，较 2016 年增长了 10.1%，成品油进口量增长了 6.4%。未来一段时间，中国仍将是石油和天然气的大型进口国。

据中国地质调查局的前期调查，仅西沙海槽已初步圈定出天然气水合物分布面积 $5242 km^2$，水合物中天然气资源量估算达 $4.1 \times 10^{12} m^3$。按成藏条件推测，整个南海的天然气水合物资源量约为我国常规油气资源量的一半。根据国际评估，未来天然气水合物的开发成本约相当于每桶 20 美元的石油开发成本。在今后 20 年中，我国如能开发南海天然气水合物，像西气东输那样，实现"南气北输"，对于形成大的能源战略转移而言，将具有重大意义。

天然气水合物作为 21 世纪的替代能源，是世界能源发展的大趋势。加强天然气水合物勘探开发不仅具有重大经济意义，而且具有重大政治意义。美国伍兹霍尔海洋研究所的一名科学家认为，天然气水合物的开发利用可能会改变世界能源结构。

二、环境效应

天然气水合物实质上是赋存于地球浅表部的一个巨大碳库，故其研究的另一个重要意义是环境效应。研究表明，由自然或人为因素所引起的温压变化，均可使天然气水合物分解，造成海底滑坡、生物灭亡和气候变暖等环境灾害，但在长周期尺度上，天然气水合物又是调节冰期气候变化的一个重要因素。

天然气水合物与全球气候变化及海洋地质灾害的关系是气候学家非常关注的问题，天然气水合物可能是大气中甲烷的来源之一，在控制全球长期气候变化方面起了一定作用。在自然界，大部分天然气水合物存在于接近其自身稳定条件的环境中。压力和温度的微小变化均会引起天然气水合物的形成与分解，随之向大气中释放出大量甲烷气体及二氧化碳、氮气和硫化物。天然气水合物中的甲烷总量大致是大气中甲烷总量的 3000 倍，是一种反应快速、短期内有效的温室气体,也是二氧化碳和水蒸气的潜在来源之一。因此,甲烷的温室效应比二氧化碳强得多。埋藏于海底天然气水合物中的甲烷气体由于目前已经出现的全球变暖趋势或一些开发试验而被释放出来,加拿大幅特斯洛普天然气水合物层的融化就是一个例证。从工业革命前到现在,大气中二氧化碳的浓度提高了25%,而甲烷浓度则翻了一番,平均每年增长0.9%。这说明甲烷浓度提高得更快,因此,它对温室效应的"相对贡献"今后还会继续增大。

天然气水合物可能是引起地质灾害的主要因素之一。天然气水合物通常作为沉积物的胶结物存在,自然界或者开发过程中温压的微小变化都能够影响沉积物的强度,进而导致海底滑坡及浅层构造变动,诱发海啸、地震等地质灾害。经调查研究证明,美国大西洋大陆边缘发生的多次滑坡几乎都与天然气水合物矿层的断裂有关。关于由天然气水合物的形成过程和断裂引起的变化及其对海底沉积物物理特性的影响研究,不仅关系到如何安全、有效地开发利用天然气水合物,也关系到海洋石油勘探、开发、海底输油管线、海洋钻井平台、电缆、隧道的建设及运行,海洋及周边地区的交通安全以及海底废物处理等诸多领域。

科学家提出了许多引发百慕大三角海难和空难事故的设想,其中之一便是海底天然气水合物的分解。他们认为,天然气水合物的大量分解使得大量甲烷溶于海水中,导致海水密度降低,船只因为浮力减小而沉没。由于空气中甲烷含量的增多,致使飞机在上空飞行时,遇到比空气密度小的甲烷而沉没或者遇到甲烷而燃烧。这种说法尽管不能完全解释事故原因,但却提醒我们,天然气水合物是引发事故的一种潜在因素。

作为未来能源的一种选择,天然气水合物具有双重性,既是自然界的"天使",也是自然界的"魔鬼",既具有巨大的资源价值,也具有严重的环境隐患。研究天然气水合物时,在了解天然气水合物的存在模式、分布规律和资源潜力的同时,也应了解其形成的地质条件和保持稳定所需的温压环境,了解天然气水合物的开发模式和保护措施,认识其对气候和环境的影响。这就要求我们把天然气水合物的勘探、开发、利用作为一个完整的系统来对待,在资源利用之前,必须有超前的防范措施,防止或尽可能减少天然气水合物对环境造成的不良影响,以便更好地发挥这种清洁能源的资源优势。

三、技术转移

关于天然气水合物矿藏的研究,对常规油气藏的形成保护、地震预报和沉积学研究等,同样起着重要的作用,深入研究有望改变一些传统的基本认识。利用天然气水合物独特的化学、物理特性,可以发展其他高新技术,目前的常用技术主要包括:天然气水合物分离新技术(中药浓缩、果汁提纯等),天然气管道中水合物抑制技术,水合物/冰蓄冷空调新技术,热泵型空调新技术,环保型制冷剂及CFC替代技术,冰箱蓄冷节能新技术(新型储能冰箱材料)、相变储能材料技术、中央空调等大型能量系统节能工程技术、活性炭生物膜法先进技术、深度水处理技术，等等。

我国是能源需求大国，已经成功实现了天然气水合物的试采工作，这无疑是明智的举动，但与此同时，应加强开发天然气水合物对环境影响的研究，尤其应加强该领域的国际合作。调查研究发现，天然气水合物既存在于我国管辖范围内，也存在于国际海底。因此，我国除在近海进行天然气水合物勘探外，还应在国际海底进行天然气水合物的勘探和研究工作。

第四节　天然气水合物矿藏的分布及资源量

一、天然气水合物在海洋沉积物中的分布

海洋天然气水合物的出现往往会形成似海底反射层，这是由于天然气水合物稳定带底部含天然气水合物地层与含游离气沉积层之间的波阻抗差引起的。天然气水合物一般分布在海底以下300m深度范围内的浅层沉积物中，从目前钻遇水合物的海域来看，主要集中在三类构造中：①被动大陆边缘，如美国布莱克海台、墨西哥湾、挪威大西洋被动大陆边缘、美国阿拉斯加陆坡等；②活动大陆边缘弧前盆地，如加拿大卡斯凯迪亚俯冲带、日本南海海槽、新西兰希库兰吉俯冲带等；③边缘海盆地，如日本海东南缘上越盆地、韩国郁陵盆地、中国南海等。近年，在北极海域也发现了丰富的天然气水合物，可见，天然气水合物在海洋中的分布十分广泛，从赤道到极地海域大量富集。

1. 被动大陆边缘

被动大陆边缘，也称大西洋型大陆边缘，是经过大陆张裂和海底扩张后形成的大陆边缘。在张裂过程的初期，新生的大陆边缘地带开始发生强烈的断裂作用和岩浆活动；后期发生岩石圈减薄和破裂，并开始海底扩张；裂后漂移期发生单纯的沉降、侵蚀和沉积作用。被动大陆边缘可分为3种类型：非火山型大陆边缘、火山型大陆边缘和张裂-转换型大陆边缘。无论火山型还是非火山型被动大陆边缘，多数具有分段性，即被近垂直于走向的转换断层分割，每段400~1000km，且每段内结构特点较均一。地壳张裂的两侧往往形成一对共轭大陆边缘，二者分段性特征相近，但结构上却存在明显差别。例如，伊比利亚-纽芬兰边缘是典型的非火山型共轭边缘，而挪威、格陵兰东南边缘则是火山型共轭边缘。大西洋两侧被动大陆边缘、印度洋和北冰洋的被动大陆边缘均分布着丰富的天然气水合物资源。

2. 活动大陆边缘

活动大陆边缘，也称汇聚型大陆边缘，包括海沟直逼大陆边缘的安第斯型大陆边缘和

西太平洋型活动大陆边缘，后者由海沟、岛弧、边缘（弧后）盆地构成，简称"沟弧盆系"。活动大陆边缘存在贝尼奥夫带，是沟通地表与地球深部的最重要场所。俯冲板块携带洋壳和上地幔、陆源和生物源沉积以及地外宇宙尘进入地球内部，在弧前区发生俯冲增生与俯冲侵蚀，俯冲板块释放出的流体导致其上方地幔楔的脱水和改造，进而引起熔融和强烈的岩浆活动，沉入地球深部的板块补给深地幔对流并可能成为地幔柱的源区。各类活动边缘具有一定的共性，它们通常发育海沟、贝尼奥夫带和火山弧，但也存在显著的差异。活动大陆边缘包括七个主要地貌单元的地质构造：外缘隆起、海沟、增生楔构造、弧前盆地、火山弧、弧间盆地、弧后盆地。天然气水合物主要分布在增生楔构造、弧前盆地和弧后盆地中，其中，以增生楔构造和弧前盆地最为典型。

3. 边缘海盆地

边缘海盆地成因十分复杂，既有与俯冲有关的弧后盆地，并由此决定边缘海盆地的主要特征，又有一些与俯冲无直接关联的边缘海盆地。Tamaki 和 Honza（1991）总结边缘海盆地的特征包括：①大多数分布在西太平洋，仅有少部分分布在西大西洋，且都分布在大陆东侧；②与大洋相比，边缘海盆地生存的时间很短，一般不超过 25Ma，边缘海盆地的形成是间歇性的，这与其成因有关；③边缘海盆地因为海底扩张而形成，由于俯冲而关闭消亡，某些边缘海盆地在扩张停止后即消亡，例如日本海，由于在日本岛弧的西侧目前正在发育一个俯冲带，这将使日本海随着俯冲而逐步消亡，马鲁古海盆地由于沿着东、西两个成对俯冲带俯冲而几乎已经关闭消亡；④西太平洋俯冲带开始活动于 180Ma 前，而其边缘海盆地的年龄却不到 80Ma，说明古老的边缘海盆地都已经因消亡而难以认定；⑤边缘海盆地与其主要所在大洋相比，具有较深的岩石圈深度，同时，如菲律宾海、日本海、中国南海、苏禄海、西里柏斯海和伍德拉克等的边缘海盆地，它们的水深分别比所在太平洋、大西洋和印度洋要深 600~800m；⑥边缘海盆地有时可以改变其扩张轴的走向，这种现象见于西菲律宾盆地和斐济盆地。这说明边缘海盆地易受其周围构造单元的影响，因此其海底扩张属于被动性质。近年来，在苏禄海、中国南海、日本海、鄂霍次克海等的边缘海盆地均发现了丰富的天然气水合物资源。

二、天然气水合物矿藏的分布

1. 天然气水合物矿藏的世界分布

自 1965 年苏联首次在西西伯利亚永久冻土带发现天然气水合物矿藏后，世界多地陆续发现了天然产出的天然气水合物。由于天然气水合物成藏受其特殊的性质和形成条件的限制，故通常分布在特定的地理位置和构造单元内，如高纬度的永久冻土带、大陆斜坡、大洋盆地，尤其是海洋深水区的底部和海洋平原等。

截至 2004 年年底，至少在全球 79 个地区直接或间接地发现了天然气水合物的存在，其中，重要的天然气水合物发现地中海洋区域31个，陆上区域8个。已发现的海底天然气水合物主要分布区有大西洋海域的墨西哥湾、加勒比海、南美东部大陆边缘、非洲西部大陆边缘和美国东的布莱克海台等，西太平洋海域的白令海、鄂霍次克海、千岛海沟、日本海、四国海槽、日本南海海槽、冲绳海槽、中国南海、苏拉威西海和新西兰北部海域等，东太平洋海域的中美海槽、加利福尼亚州滨海、秘鲁海槽等，印度洋的阿曼海湾，南极的罗斯海和威德尔海，北极的巴伦支海和波弗特海，以及大陆内的黑海与里海等。陆上永久冻土带中的天然气水合物主要分布在西伯利亚、阿拉斯加和加拿大马更些三角洲地区的北极圈内及我国青藏高原地区等。

苏联自20世纪60年代开始，先后在白令海、鄂霍次克海、千岛海沟、黑海、里海等开展了天然气水合物的研究，并发现了有工业价值的矿藏。目前，俄罗斯仍在巴伦支海和鄂霍次克海等海域进行调查研究工作，而位于西西伯利亚东北部的麦索亚哈天然气水合物矿藏是目前世界上唯一商业生产的天然气水合物矿藏。

美国、加拿大在加拉斯加北坡和麦肯齐三角洲冻土带相继发现了大规模的天然气水合物气藏；在墨西哥湾及布莱克海台实施深海钻探，并取得了天然气水合物岩心。到目前为止，美国已经在其东南大陆边缘、俄勒冈外太平洋西北边缘、阿拉斯加北坡、墨西哥湾大陆边缘、密西西比峡谷等海域进行了天然气水合物调查。

亚洲东北亚海域是天然气水合物又一重要富集区。20世纪80年代末，ODP127、131航次在日本周缘海域进行钻探，获得了天然气水合物及海底反射界面BSR异常分布的重要发现。美国能源部的Krason在1992年日本东京召开的第29届国际地质大会上表明，在日本周缘海域共发现9处BSR分布区。天然气水合物矿层位于海底以下150~300m处，矿层厚度分别为3m、5m、7m，总厚为15m，估计在日本南海海槽的BSR分布面积约为35000km^2。通过对日本周边海域，特别是南海海槽、日本海东北部的鄂霍次克海的靶区调查，发现南海海槽天然气水合物位于水深850~1150m处，离岸较近，易于开发。

德国从20世纪80年代后期利用"太阳号"调查船与其他国家合作，先后对东太平洋俄勒冈海域的卡斯凯迪亚增生楔及西南太平洋和白令海域进行了天然气水合物的勘查。在南沙海槽、苏拉威西海、白令海等地都发现了与天然气水合物有关的地震标志，并获取了天然气水合物样品。

韩国资源研究所和海洋开发研究所于1997年开始在其东南部近海郁龙盆地进行天然气水合物调查，相继发现了略微变形的BSR、振幅空白带、浅气层、麻坑、海底滑坡、菱锰结核等一系列与天然气水合物相关的标志。

此外，新西兰在北岛东岸近海水深1~3km处发现了面积大于$4×10^4 km^2$的BSR分布区；澳大利亚在其东部海底高原发现了面积达$8×10^4 km^2$的BSR分布区；巴基斯坦在阿曼湾开展了天然气水合物调查，也取得了进展；加拿大还在胡安－德赛卡洋中脊斜坡区发现

了约 1800×10^8 t 油当量的天然气水合物资源量。

2. 天然气水合物矿藏在我国的分布

我国具有良好的天然气水合物蕴藏潜力,东海的冲绳海槽边坡,南海的北部陆坡、西沙海槽和西沙群岛南坡等都是重要的天然气水合物储存潜力区。中德科学家联合考察团队在我国南海发现了天然气水合物的存在。我国青藏高原终年积雪的羌塘地区及黑龙江省漠河盆地也有天然气水合物生储潜力。

根据我国地质调查局的规划安排,广州海洋地质调查局于 1999 年 10 月首次在我国海域南海北部西沙海槽区开展海洋天然气水合物前期试验性调查,完成了 3 条高分辨率地震测线(共 543.3km)。2000 年 9~11 月,广州海洋地质调查局"探宝号"和"海洋四号"调查船在西沙海槽继续开展天然气水合物的调查,共完成高分辨率多道地震测线(共 1593.39km)、多波束海底地形测量 703.5km、地球化学采样 20 个、孔隙水采样 18 个、气态烃传感器现场快速测定样品 33 个。资料表明,地震剖面上具有明显 BSR 和振幅空白带。BSR 一般位于海底以下 300~700m,最浅处约 180m。振幅空白带或弱振幅带厚度约 80~600m,BSR 分布面积约 2400km²。以地震为主的多学科综合调查表明,海域天然气水合物主要赋存于活动大陆边缘和非活动大陆边缘的深水陆坡区,尤其以活动大陆边缘俯冲带增生楔区、非活动大陆边缘和陆隆台地断褶区最为发育。据 ODP 184 航次 1144 钻井资料显示,南海北部、西部陆坡的沉积速率和已发现有丰富天然气水合物资源的美国东海岸外布莱克海台地区相似。南海神狐海域天然气水合物可能赋存的有利部位是:北部陆坡区、西部走滑剪切带、东部板块聚合边缘及南部台槽区。这些区域具有增生楔形双 BSR、槽缘斜坡型 BSR、台地型 BSR 及盆缘斜坡型 BSR 等 4 种天然气水合物地震标志界面。通过地球化学研究发现,南海北部陆坡区和南沙海域,经常存在临震前的卫星热红外增温异常,其温度较周围海域高 5~6℃,特别是南海北部陆坡区,从琼东南开始,经东沙群岛,直到中国台湾西南一带,多次重复出现增温异常,推测可能与海底的天然气水合物及油气分布有关。

第二章 天然气水合物物理性质及生成机理

第一节 天然气水合物的物理性质

一、天然气水合物的物理性质

1. 天然气水合物的矿体特征

天然气水合物是一种由水分子和碳氢气体分子组成的结晶状固态简单化合物。其外形如冰雪状，通常呈白色。结晶体以紧凑的格子构架排列，与冰的结构非常相似。在这种冰状的结晶体中，作为客体分子的碳氢气体充填在水分子结晶格架的空穴中，气体和水之间没有化学计量关系。形成点阵的水分子之间靠较强的氢键结合，而气体分子和水分子之间在低温和一定压力下通过范德华作用力稳定地相互结合在一起。在自然界中，甲烷是最常见的"客"气体分子。由于天然气水合物中通常含有大量的甲烷或其他碳氢气体分子，因此极易燃烧，而且燃烧后几乎不产生残渣或固体废弃物。

尽管天然气水合物是由无色的碳氢分子和水分子组成，但它们并非全都呈现白色，还可以呈现许多其他颜色。一些从墨西哥湾海底取得的天然气水合物成黄色、橙色，甚至红色等；而从大西洋海底布莱克-巴哈马高原取得的天然气水合物则呈灰色或蓝色。对导致这些颜色的具体原因，目前学术界还未达成共识，其中可以肯定的是，赋存在天然气水合物中的一些杂质对于颜色的呈现发挥了一定作用。

在自然界发现的天然气水合物多为白色、淡黄色、琥珀色、暗褐色等的轴状、层状、小针状结晶体或分散状物质，既可存在于零摄氏度以下的环境又可存在于零摄氏度以上的环境中。地壳内天然气水合物的物理特征变化很大，据太平洋勘查取心收获的天然气水合物样品研究分析，天然气水合物在地层内的矿体特征主要有以下4种：①占据大的岩石粒间孔隙；②以球粒状散布于细粒岩石中；③以固体形式填充在裂缝中；④多以大块固态水合物伴随少量沉积物形式存在。

2. 天然气水合物的热物理学性质

天然气水合物与冰、含天然气水合物层与冰层之间有明显的相似性：①相同的组合状态变化——流体转化为固体；②形成过程均属放热过程，并产生很大的热效应，0℃融冰时每克需0.335kJ的热量，0～20℃分解天然气水合物时每克水需要0.5～0.6kJ的热量；③结冰或形成水合物时水体积均增大——前者增大约9%，后者增大约26%～32%；④水中溶有盐时，二者相平衡温度降低；⑤冰与天然气水合物的密度都不大于水，含天然气水合物层和冻结层密度都小于同类的水层；⑥含冰层与含天然气水合物层的电导率都小于含水层；⑦含冰层和含天然气水合物层弹性波的传播速率均大于含水层。

据估算，天然气水合物中水分子和气体分子物质的质量分数分别为85%和15%，因此其密度和冰大致相当，但硬度和剪切模量小于冰，热导率和电阻率远小于冰，且具有多孔性。天然气水合物和冰的物理性质对比如表2-1所示。

表2-1 天然气水合物和冰的物理性质对比（据Sloan和Makagon，1997，略有改动）

性质	天然气水合物	海底泥沙沉积物中的天然气水合物	冰
摩氏硬度	2~4	7	4
剪切强度/MPa		12.2	7
剪切模量/MPa	2.4		3.9
密度/(g/cm^3)	0.19	>1	0.917
声波速率/(m/s)	3300	3800	3500
热容值(-273K)/(kJ/cm^3)	2.3	≈2	2.3
热传导率/[W/(m·K)]	0.5	0.5	2.23
电阻率/(kΩ·m)	5	100	500
泊松比	0.317		0.325
介电常数	58		94
热膨胀系数/(10^{-6}/K)	104		56

天然气水合物及其充填的分散介质的导热率和温度传导率大大低于冰，但略高于水。据此可以认为，热方法既可以用于陆上天然气水合物矿藏的普查和勘探，又可以用于海洋沉积中天然气水合物矿藏的普查和勘探。

就物理性质而言，天然气水合物像冰，但它在零下及零上摄氏度温度环境中均可赋存。天然气水合物具有比其他冷凝相（如液化气）气体低几十倍的气体平衡压力。当温度高于天然气水合物生成物的临界值时，即使在气体不能液化的条件下，天然气水合物也可以生成。

3. 天然气水合物的组成

天然气主要由甲烷组成，但也包含较高分子量的烃及一些其他的无机气体。在多数情况下，甲烷至少占天然气水合物的96%，其余为二氧化碳，偶见微量存在的硫化氢、乙烷和重烃气体。在天然气水合物里，天然气和水之间的相互作用不是化学作用，而在一定程度上属于范德华力作用。因此，天然气水合物与矿物水化物是不同的。

给定天然气形成的天然气水合物，其组成成分与原始气体成分、形成过程中的压力和温度有关。在压力和温度一定的情况下,由其组成成分在气相中的含量来确定固相中的含量。天然气水合物的组成成分在很大温度和压力范围内通常是不会改变的。

决定各组成成分在天然气水合物中含量的主要因素是原始气体组分,受压力和温度影响不大。各气体和气体混合物的相对分子质量越大,在同样温度下形成天然气水合物所需的压力越大。

二、天然气水合物的分类

自然界中的天然气水合物通常有三种分类方法,第一种是按产出环境或温度、压力机制分类;第二种是按其结构类型分类;第三种是按成因分类。

1. 按产出环境或温度、压力机制分类

按产出环境,天然气水合物可以分为海底天然气水合物和极地天然气水合物两种类型。这两种产出环境也代表着两种截然不同的压力、温度机制。

通常把在海洋过渡带、边缘海和内陆海等洋底蕴藏的天然气水合物称为海底天然气水合物。尽管与极地天然气水合物相比,海底天然气水合物的生成环境温度比较高,但由于深海压力较高,故海底天然气水合物仍然可以保持稳定。压力可以视为海底深度的函数,它是控制天然气水合物形成的主要变量。

达到天然气水合物热力学平衡的海底或海底以下的区域可以成为天然气水合物稳定区域(HSZ)。海底天然气水合物的稳定范围可以从水深大于300m的海底开始,垂直向下延伸直到因地热梯度导致环境温度上升,致使天然气水合物发生分解的深度为止。海底的温度和地壳(洋壳)的地热梯度控制了天然气水合物稳定区域的厚度。

在海洋中,甲烷天然气水合物是储量最丰富的一种类型,常出现在深海中或极地大陆上。甲烷天然气水合物是一种类似冰的甲烷与水的结晶物,它的结晶结构可在所有甲烷格子点还没被占据时就被确定。$1m^3$完全饱和的甲烷天然气水合物包含$164m^3$的甲烷气体和$0.87m^3$的水。这说明甲烷天然气水合物的能源密度大,其能源密度约是煤和黑色页岩的10倍,约是天然气的2~5倍。甲烷分子仅仅包含一个碳原子和四个氢原子,这是一种微小分子,它自身可形成一种简单类型的天然气水合物。在一些地区,甲烷出现在天然气水合物下面,被没有渗透性的天然气水合物所覆盖。

极地天然气水合物是在较低的压力和温度下形成的,埋藏的深度相对较浅。极地天然气水合物可作为水-冰混合物出现在陆地的永久冻土带或大陆架的永久冻土带,在永久冻土带之下的油气田中也可能出现。在大陆架上,这种含有天然气水合物的混合永久冻土带是末次冰期海面较低时在露天环境下形成的,在随后的海进时得以下沉并蕴藏。极地大陆架上的其他天然气水合物是在古永久冻土带上独立形成的。由于极地天然气水合物的分布很大程度上会受到地域的限制,因此其总量少于海底天然气水合物。

2. 按结构类型分类

天然气水合物结构与性能是一个研究比较成熟的领域，按结构类型，其可以分为Ⅰ型、Ⅱ型和H型3种。石油天然气工业中的天然气水合物一般为Ⅰ型和Ⅱ型。Ⅰ型天然气水合物为立方晶体结构，在自然界分布最为广泛，仅能容纳甲烷、乙烷这两种小分子的烃以及氮气、二氧化碳、硫化氢等非烃分子，这种水合物中甲烷普遍存在的形式是构成$CH_4 \cdot 5.75H_2O$的几何格架。Ⅱ型天然气水合物为菱形晶体结构，除包容甲烷、乙烷等小分子外，较大的"笼子"（水合物晶体中水分子间的空穴）还可容纳丙烷及异丁烷等烃类。H型天然气水合物为六方晶体结构，其大的"笼子"甚至可以容纳直径超过异丁烷的分子。H型天然气水合物早期仅存在于实验室中，1993年才在墨西哥湾大陆斜坡发现其天然矿体。Ⅱ型和H型天然气水合物比Ⅰ型天然气水合物更稳定。除墨西哥湾外，在格林大峡谷地区也发现了Ⅰ、Ⅱ、H型3种天然气水合物共存的现象。

3. 按成因分类

Claypool和Volden(1983)根据世界上10个地区的天然气水合物产状特征，形成天然气水合物的气体同位素组成、气体成分以及气体迁移距离等，对天然气水合物进行了成因分类。

当气体的$\delta^{13}C - C_1 < -60 \times 10^{-3}$，且$C_1/(C_2 + C_3) > 1000$时，指示天然气水合物为生物成因，是沉积物中有机质在细菌的降解作用下产生的气体经渗滤扩散形成的，产地如墨西哥湾、北加利福尼亚滨外、俄勒冈滨外、鄂霍次克海、里海和黑海等；当$\delta^{13}C - C_1 > -50 \times 10^{-3}$，且$C_1/(C_2 + C_3) < 50$时，指示天然气水合物为热解成因，可能是由深部热解生成的气体渗滤形成的，产地如中美海槽、秘鲁海槽、南海海槽和日本海等。生物成因水合物主要由Ⅰ型天然气水合物组成，热解成因水合物主要由结构Ⅱ型和H型天然气水合物组成。

三、天然气水合物的结构

天然气水合物一般以Ⅰ型结构（立方晶体结构）和Ⅱ型结构（菱形晶体结构）存在于自然界中。H型结构（六方晶体结构）天然气水合物的天然矿体很少。

含有热成因$C_1 \sim C_4$烃类气体的Ⅱ型结构天然气水合物首先在路易斯安那海湾斜坡530~560m水深处用活塞取心得到。Ⅱ型结构天然气水合物的发现证明了天然气水合物中相对丰富的C_3和iC_4烃类气体含量，并用固体核磁共振法进行了验证。对取自同一地区的Ⅱ型结构天然气水合物样品进行色谱分析后表明，其含有0.01%的iC_5，而没有检测到nC_5。

实验室合成的H型结构天然气水合物比Ⅰ型和Ⅱ型结构天然气水合物能包容更大的分子，包括一般的原油分子（如iC_5）和其他直径在7.5~8.6Å之间的分子。Mehta和Sloan(1993)推测在原油的正常赋存条件下，H型结构天然气水合物可以存在于自然界中，且其相平衡资料表明，H型结构天然气水合物可与Ⅱ型结构天然气水合物共存。

Ⅰ型天然气水合物属于体心立方结构，可由天然气小分子在深海形成。Ⅱ型天然气水合物属于金刚石晶体立方结构，可由分子大于乙烷、小于戊烷的烃形成。H型天然气水合物属于六面体结构，可由挥发油和汽油等大分子形成。正五边形的十二面体"笼子"在3种结构中均存在，而十四面体、十六面体和二十面体分别是Ⅰ、Ⅱ和H型天然气水合物中的"大笼子"。另外，在H型天然气水合物中还有另外一种十二面体"笼子"。实际上，3类结构中决定晶格的"笼子"的排列次序是非常不同的：Ⅰ型结构水合物由特定的T笼顶点确定；而Ⅱ型和H型结构是基于被氢键连接的D笼不同的堆叠次序形成的。H型天然气水合物的晶胞由3个T笼，2个D笼和1个E笼堆垒而成，共含34个分子，晶胞分子式为$S^3S'_2L \cdot 34H_2O$。图2-1是3种天然气水合物晶体结构和相应的笼。表2-2是天然气水合物的晶格常数。

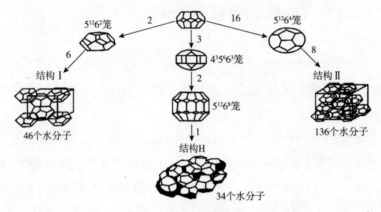

图2-1　3种天然气水合物晶体结构和相应的笼

表2-2　天然气水合物的晶格常数

参数		Ⅰ型结构	Ⅱ型结构	H型结构
单位晶胞中水分子数		46	136	34
单位晶胞中小孔穴数		2	16	3
单位晶胞中中等孔穴数				2
单位晶胞中大孔穴数		6	8	1
小孔穴常数		1/23	2/17	
大孔穴常数		3/23	1/17	
晶格孔穴直径/Å	小	7~95	7.82	7.82
	中			8.12
	大	8.60	9.40	11.42

另外，笼中空间的大小与客体分子必须匹配，才能生成稳定的水合物。例如，氦气（直径小于0.3nm）因太小而不能形成水合物，但许多简单分子（如单原子的氩气、氪气，双原子

的氧气、氮气，轻烃、氯氟烃、硫化物等)都能形成水合物。表2-3 所示为水合物形成气体分子直径与水合物笼直径比(R_{mc})。一般说来，R_{mc}约为0.9时，形成的水合物比较稳定，R_{mc}太小或太大都不能形成稳定的水合物。例如，乙烷在Ⅱ结构的$5^{12}6^2$笼中$R_{mc}=0.939$，所以可以形成比较稳定的Ⅰ型水合物；而在Ⅰ和Ⅱ结构的5^{12}笼中，因分子直径大于笼的直径而不能占据这些笼，同样地，在Ⅱ结构的$5^{12}6^4$笼中因尺$R_{mc}<0.9$而不能形成Ⅱ型水合物。同理，丙烷和异丁烷只能形成Ⅱ型水合物(占据Ⅱ结构的$5^{12}6^4$笼)。

表2-3 水合物形成气体分子直径与水合物笼直径比

分子	客体分子直径/Å	分子直径/笼直径			
		Ⅰ型结构		Ⅱ型结构	
		5^{12}笼	$5^{12}6^2$笼	5^{12}笼	$5^{12}6^4$笼
N_2	4.1	0.804	0.7	0.817	0.616
CH_4	4.36	0.855	0.744	0.868	0.655
H_2S	4.58	0.898	0.782	0.912	0.687
CO_2	5.12	1	0.834	1.02	0.769
C_2H_6	5.5	1.08	0.939	1.1	0.826
C_3H_8	6.28	1.23	1.07	1.25	0.943
iC_4H_{10}	6.5	1.27	1.11	1.29	0.976
nC_4H_{10}	7.1	1.39	1.21	1.41	1.07

Ⅰ型和Ⅱ型结构的5^{12}笼中R_{mc}约为0.9，可以形成比较稳定的水合物，因此，硫化氢水合物结构只能是正五边形的十二面体，而二氧化碳气体形成的水合物属于结构Ⅰ型。

在Ⅰ型结构中，46个水分子组成2个内径为0.52nm的小孔穴和6个内径为0.59nm的大孔穴；在Ⅱ型结构中，136个水分子组成16个内径为0.48nm的小孔穴和8个内径为0.69nm的大孔穴。两类晶格均含有许多大的和小的孔穴，气体分子进入这些大大小小的孔穴并"寄生"在里面，占据了孔穴的位置，于是形成了气体水合物。只有分子尺寸小于孔穴直径且几何形状适宜的气体才能进入孔穴中(表2-4)。

表2-4 天然气成分在孔穴中的充填情况

化合物	Ⅰ型结构		Ⅱ型结构	
	小孔穴	大孔穴	小孔穴	大孔穴
甲烷	+	+	+	+
乙烷	-	+	-	+
丙烷	-	-	-	+
正丁烷	-	-	-	+
异丁烷	-	-	-	+

续表

化合物	Ⅰ型结构		Ⅱ型结构	
	小孔穴	大孔穴	小孔穴	大孔穴
二氧化碳	+	+	+	+
氮气	+	+	+	+ +
硫化氢	+	+	+	+

注:"+"表示能进入孔穴,"-"表示不能进入孔穴。

从表2-4中可以看出,天然气水合物主要为Ⅱ型结构,天然气组分中的甲烷、乙烷、二氧化碳、氮气、硫化氢可在Ⅰ型和Ⅱ型结构孔穴中充填,因此这类气体最易形成水合物;而丙烷、丁烷只能在Ⅱ型结构的大孔穴中充填,戊烷以上的烷烃分子一般情况下不能形成水合物。所以,天然气组分中酸性气体越多,甲烷含量越高,则越容易形成水合物。碳原子数越多的烷烃,形成的水合物越稳定。在稳定的水合物中,并非所有的孔穴均被充填。在同一孔穴中,既可以充填一种分子,也可以充填多种分子。

对于天然气组成来说,生成Ⅰ型结构的气体主要是甲烷、乙烷等碳分子数小于3的烃类和氮气、氧气的单组分或它们的混合物;一般当气体分子直径比丙烷大而比丁烷小,或气体混合物中含这种气体组分时,生成的气体水合物通常为Ⅱ型结构。

四、天然气水合物的岩石物理特性

了解岩石物理特性是开展地球物理研究方法的基础。虽然目前已通过钻探采获了天然气水合物岩样,科学家们也能在实验室里合成天然气水合物,但由于天然气水合物在常温常压环境下是不稳定的,因此至今为止仍没有实现对含天然气水合物岩石物性的充分了解。根据纯天然气水合物的岩石物性与大陆边缘不含天然气水合物与游离气沉积物的岩石物性对比,一般认为,沉积物中天然气水合物的存在可造成纵波速率、横波速率的增加,密度减小或基本不变,以及电阻率增加。

对胶结颗粒物质的岩石物理性质进行的理论和实验研究表明,在颗粒接触处少量的胶结物便可以大大增加岩石刚度。这一现象可以用来解释天然气水合物带边界处的地震反差,以及天然气水合物带内的减弱反射波。把岩石物理学应用于天然气水合物的研究中,有助于对地震资料进行解释,以便确定沉积物中天然气水合物的含量。

五、天然气水合物矿体分解的"自保性"

在一定的温压条件下(即在天然气水合物稳定带内),天然气水合物可以稳定存在,如果脱离天然气水合物稳定带,水合物就会分解。天然气水合物一般随着沉积作用的发生而生成,随着沉积的进一步进行,稳定带基底处的天然气水合物由于等温线的持续变化而分解。孔隙中的水达到饱和后会产生游离气体,其向上运移到天然气水合物稳定带并重新生成水合物。但是有学者发现，天然气水合物在离开稳定带后，仍具有相对稳定性。Ershov 和 Yakushev 在实验过程中发现，在一定晶体中形成的天然气水合物，在大气压和0℃以下可以保存许多天。他们认为，天然气水合物的初始分解导致其表面可形成一层脱离膜，从而减缓或很可能阻止水合物的进一步分解。Ershov 和 Yakushev 将这一现象称为天然气水合物的"自保性"。加拿大马更些三角洲 Taglu 气田钻井中天然气水合物的发现，证实了自然界中天然气水合物具有"自保性"。这种水合物如薄冰层一般，可在大气压和冻结温度以下稳定存在约 4h。

天然气水合物分解初期，会在其表面形成薄薄的白冰，从而减缓水合物的分解速率；当冰层达到一定厚度时，水合物的进一步分解就会停止。如图 2-2 所示，当压力降到大气压时，样品温度会有一个快速降低的过程，直至达到最低值（一般经过 2~3min）。随后，样品温度会升高到与环境温度相同。这种现象便是由于天然气水合物的"自保性"和天然气水合物与冰有不同的热传导系数（水合物的热传导系数比冰大）所导致的。

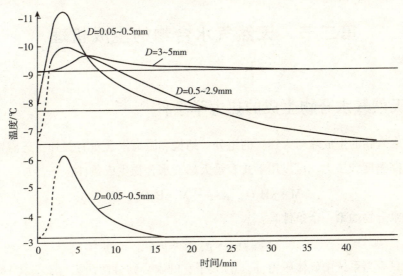

图 2-2 降压过程中天然气水合物温度变化（D 为粒径）

降压后，对含砂天然气水合物进行温度测量，发现了另一温度变化特征（图 2-3），此时，天然气水合物的温度会持续降低，直到"自保性"出现。粗粒砂中"自保性"出现较早，而细粒砂中"自保性"出现得较晚一些，这是由于天然气水合物的含量及气体与水合物的接触面积不同所造成的。在天然气水合物分解过程中，砂体逐渐进入冷冻状态。

进入"自保性"状态天然气水合物的进一步分解，取决于下述因素：①空气湿度，空气湿度越大，冰在天然气水合物表面的分解升华速率就越慢，从而减缓天然气水合物的进一步分解；②天然气水合物的比表面积，相同质量的天然气水合物，比表面积越大，常压下分解得越快；③光照，处于光照环境中的天然气水合物比处在阴暗环境中的天然气水合物分解得更快；④环境温度，环境温度与天然气水合物进入"自保性"的速率成正相关关系；

⑤天然气水合物矿体形状，形状不规则、有微裂纹等存在机械缺陷的天然气水合物矿体更容易形成"自保性"冰膜。

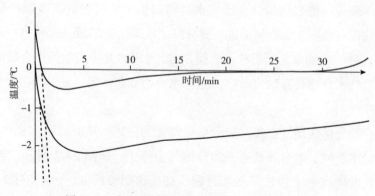

图 2-3 降压过程中含砂天然气水合物温度变化

第二节 天然气水合物的生成机理

一、天然气水合物生成的热力学条件

天然气水合物的生成除与天然气的组分、结构和游离水含量有关外，还需要一定的热力学条件，即温度和压力。可以用下式表示天然气水合物生成条件：

$$M + nH_2O_{固,液} \longrightarrow [M \cdot H_2O]_{水合物} \tag{2-1}$$

因此，生成水合物的第一个条件是：

$$p_{水合物分解} < p_{系统M} \leqslant p_{饱和M} \tag{2-2}$$

也就是说，只有当系统中气体压力($p_{系统M}$)大于它的水合物分解压力($p_{水合物分解}$)时，才能有被水蒸气饱和的气体(M)自发地生成天然气水合物。严格地讲，式(2-2)应用逸度(f)表示如下：

$$f_{水合物分解} < f_{系统M} \leqslant f_{饱和M} \tag{2-3}$$

天然气水合物生成的第二个条件是：

$$p_{水合物H_2O,气} < p_{系统H_2O,气} \leqslant p_{H_2O,固,液,气} \tag{2-4}$$

由第二个条件可以看出，从热力学观点来看，天然气水合物的自发形成不是必须使气体(M)被饱和，只需系统中水蒸气压力大于天然气水合物晶格表面的水蒸气压力即可。

水合物热力学确定了天然气水合物形成或离解的条件。大多数天然气水合物相平衡均在三相(液态水、水蒸气、水合物)条件下进行。利用 Gibbs 相定律，对于给定压力和给定干燥烃蒸汽组分，可以确定三相的平衡温度。如果在恒定压力下加热一种处于平衡状态的气体和它的天然气水合物，将生成含少量溶解气的液态水。相反，冷却气－液混合物，则会生成水合物。

Parrish 和 Prausnitz 建立了一种在特定温度和压力范围内预测水合物离解压力的模型：

$$\sum_{i=1}^{n} \frac{y_i}{(K_{V-S})_i} = 1 \qquad (2-5)$$

式中，y_i 为气相组分 i 的物质的量分数；n 为气体中组分的总数；$(K_{V-S})_i$ 为蒸汽与固相间的平衡常数，$(K_{V-S})_i = y_i/x_{si}$，x_{si} 为固相中的烃物质的量分数。

天然气水合物的规则几何形状和其非化学计量的特性，使我们可以通过统计模型来描述它们。天然气水合物的热力学性质可以通过一个与理想化的局部吸附的三维推广相一致的简单模型导出。范德华等最早提出这个概念并推导出基本数学模型，包含一个统计的配分函数，它表达了在空晶格、填充了的水合物晶格以及 Lennard-Jones-Devonshire 晶胞模型中水的化学势之间的相互关系，用以说明孔穴中溶质－水的相互作用。

天然气水合物的生成需要三个条件，其中，两个主要条件是：①天然气中含有足够的水分以形成孔穴结构；②具有一定的温度与压力条件，如高压和低温。一个辅助条件为：气体处于脉动紊流等激烈扰动中，有硫化氢、二氧化碳等酸性气体存在。在确定岩石天然气水合物生成条件时，必须考虑多孔介质中毛细管现象的影响，间隙水生成水合物比自由接触时需要更低的温度或更高的压力。从理论上讲，在形成天然气水合物时，不一定需要游离水，只要气相或冷凝碳氢化合物中有形成水合物的组分存在，压力和温度条件适宜（即高压和低温），水和一些组分就会形成固体水合物。水合物形成的临界温度，可能是水合物存在的最高温度，高于此温度，不管压力多大，仍难以形成水合物。

二、天然气水合物生成的动力学条件

与天然气水合物的热力学研究相比，人们对其动力学知之甚少。天然气水合物动力学分为天然气水合物形成动力学和天然气水合物分解动力学两大类。掌握天然气水合物形成动力学，对于开发天然气水合物动力学抑制剂具有重要意义。动力学抑制剂通过改变水合物颗粒特征来阻止这些颗粒的聚集，从而起到抑制作用。与天然气水合物的形成研究相比，人们对其分解研究更少，随着水合物气藏开发需求的日益迫切，必需研究天然气水合物分解动力学，进而模拟天然气的获取过程。作为天然气水合物技术理论基础的天然气水合物动力学是当前天然气水合物领域的研究重点，其中，关于天然气水合物生成动力学的研究是最为复杂的。

1. 天然气水合物形成动力学

B·A·尼基京首先提出了气体水合物学说与固体溶液的假设，这种假设认为，气体水合物是水分子和气体分子构成的络合物，由水分子构成的晶格是"溶液"，而被包在晶格内部孔腔的气体分子是"溶质"。

在生成水合物时，体系内存在两种平衡，即准化学平衡和气体分子在孔穴中的物理吸附平衡。

首先，天然气和水生成水合物晶体的过程通常被看成一个化学反应，通过该反应生成化学计量型的基础水合物。

其次，由于基础水合物间存在空的孔穴，一些小分子(如 Ar、O_2、N_2 等)会吸附在其中，导致水合物的非化学计量性，用 Langmiur 吸附理论可以描述气体分子填充连接孔的过程。

由于水合物的生成是水合物形成气溶于水相生成固态水合物晶体的过程，因此又有学者认为水合物的生成是一个结晶过程。该过程包括成核(晶核的形成)和生长(晶核生长成水合物晶体)两个连续的步骤。

晶核的形成是指在被水合物形成气过饱和的溶液中形成一种具有临界尺寸的、稳定的晶核。由于在物系中要产生一个新相(晶核)比较困难，因此，晶核在过饱和溶液中的生成过程大多十分缓慢，一般需要一个持续一段时间的诱导期。晶核形成时体系的 Gibbs 自由能取得最大值。晶核一旦形成，体系将自发地向 Gibbs 自由能减少的方向发展，从而步入生长步骤。在这一步骤中，晶核将快速生长成宏观规模的水合物晶体。

Christiansen 和 Sloan 分析了笼形水合物生成的机理和动力学机制，他们比较一致地认为，当非极性分子溶于水时，它周围的水分子将有序排列成不稳定的簇团。该簇团虽然是不稳定的，但对水合物的生成有重要作用。簇团内非极性分子相互吸引，产生"增水键合"，从而聚结成团。在它们没有达到某个聚结临界值之前，可以增大或缩小；当达到或超过此临界值时，则形成水合物的核。水合物生成的动力学机理如图 2-4 所示。

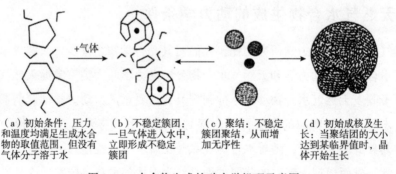

(a) 初始条件：压力和温度均满足生成水合物的取值范围，但没有气体分子溶于水　　(b) 不稳定簇团：一旦气体进入水中，立即形成不稳定簇团　　(c) 聚结：不稳定簇团聚结，从而增加无序性　　(d) 初始成核及生长：当聚结团的大小达到某临界值时，晶体开始生长

图 2-4　水合物生成的动力学机理示意图

晶核的形成比较困难，一般需经过一个诱导期，当过饱和溶液中的晶核达到某一稳定的临界尺寸后，系统将自发进入水合物快速生长期。在一定压力条件下，当温度下降到理论平衡线以下若干摄氏度时，水合物结晶即可形成。诱导时间与过冷温度(指使液体冷却到凝固点以下而不凝结的温度)的经验函数关系(诱导时间指水和客体分子接触到形成水合物晶核这一过程所需时间)如下：

$$\lg t = 1.84(\Delta T - 7.49)^{-0.225} \quad (2-6)$$

$$\Delta T = T_{eq} - T_{exp} \quad (2-7)$$

式中，t 为诱导期时间，min；ΔT 为过冷温度，℃；T_{eq} 为给定压力下水合物的平衡温度，℃；T_{exp} 为实验温度，℃；

天然气水合物形成的机理也可看作形成水合物的气体分子与水单体和形成水合物晶格的母体水群相互作用的一个三体聚集过程。该机理的反应式为：

$$H_2O + (H_2O)_x + M \longleftrightarrow M \cdot (H_2O)_{x+1}$$

$$H_2O + M \cdot (H_2O)_y + M \longleftrightarrow M \cdot (H_2O)_c$$

$$H_2O + M \cdot (H_2O)_m + M \longleftrightarrow M \cdot (H_2O)_n$$

由此可知，形成水合物的整个过程开始于水分子和气体分子聚集成团。用下标 x 表示的起始母体群，可以是另一个单体，也可以是水分子凝聚成的小群体。从水分子接纳气体分子时开始，形成的络合物就可能具有了水合物晶格的形式。一般这时的群体在热力学上是不稳定的。在气体和水分子不断加入的过程中，群体不断增长，直至达到临界尺寸，这时，群体尺寸的进一步增加就不会再增大自由能。因此，从这时开始，群体在热力学上就变得稳定了，从而形成了稳定的水合物核。形成水合物核所需时间通常被看作成核的诱导延迟时间。一旦稳定的核形成了，水合物晶体就以三体聚集过程的不可逆方式继续生长。

动力学实验结果表明，甲烷气体总的消耗率是界面积、温度、压力及一定过冷程度的函数。上述机理假定，由液态水形成天然气水合物经历了一个三体聚集过程，这个过程会产生一个压力对反应速率的三次型的总体效应。单体水分子、气体分子和临界尺寸的团簇的浓度都会影响反应速率。因为只有达到临界尺寸的团簇能参加结晶反应，所以引入一个附加的参数来计算随热力学条件而变化的浓度。结晶过程中达到临界尺寸的团簇一般与过冷温度、群体的几何结构及界面能级等有关。这是一个复杂的函数，一般用下式表示浓度关系：

$$[H_2O]_c = [H_2O] \cdot \exp(-a/\Delta Tb) \quad (2-8)$$

式中，$[H_2O]_c$ 为水分子的浓度，下标 c 表示达到临界尺寸的团簇；a，b 为关于群体几何结构和界面特性的经验参数。

Englezos 等把只有一个可调参数的天然气水合物生长模型公式化，这个模型以结晶化和团块传递理论为基础。它假设固体天然气水合物颗粒被一个吸附反应层所包围，吸附反应层外是一层不流动的液体扩散层（图2-5），溶解的气体从围绕在不流动液体层的溶液中向天然气水合物颗粒-水分界面扩散，然后由于吸附作用，气体分子进入结构化的水分子构架并与之结合在一起。当水分子过量时，分界面被认为是气体最容易集中的地方[为了表示反应速率，用已溶解气体的逸度(f)代替它的浓度]。

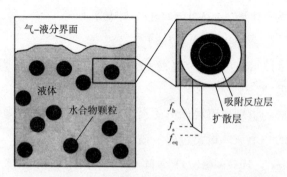

图 2-5 围绕在生长中的水合物外的吸附反应层和扩散层

如图 2-5 所示,在扩散层中,溶解气体的逸度从 f_b 变化到 f_s,在吸附层中,逸度降至 f_{eq},这是三相水合物平衡压力和颗粒表面温度下的逸度。围绕颗粒的扩散策动力等于 f_b-f_s;但是对于反应阶段来说,这个值为 f_b-f_{eq}。在稳定状态下,扩散阶段和反应阶段的反应速率相等。因此,能够从单个速率表达式中消去,从而得到一个颗粒的生长速率表达式:

$$\left(\frac{\mathrm{d}n}{\mathrm{d}t}\right)_P = k \cdot A_P(f_b-f_{eq}) \qquad (2-9)$$

式中,在溶解气体的逸度中 f_b-f_{eq} 的值不同于三相平衡逸度中 f_b-f_{eq} 的值,它指的是全部策应力;k 为扩散和吸附反应过程中的组合速率常数;A_P 为每个颗粒的表面积。

在良好的搅拌系统中,式(2-9)中 k 表示反应的内在速率常数,由甲烷和乙烷天然气水合物形成动力学的实验数据决定。在上述模型中,纯水中甲烷水合物形成时获得的 k 值可以应用到电解质溶液中的天然气水合物形成模型中去。

工业实践中发现,影响天然气水合物形成的因素比实验中复杂得多,主要的因素有:流体的过冷程度、流速、流体性质及液相的乳化、管壁的热流束、管内冷却情况等。此外,天然气水合物的形成过程与周围环境及水的状态有关,在融化的冰中尤其容易生长并聚集。

2. 天然气水合物分解动力学

现阶段,关于天然气水合物分解动力学的研究没有关于其生成动力学研究得那么广泛。Bishnoi 等曾开展过关于甲烷水合物分解的实验。实验是在一个搅拌良好的反应器中进行的。实验显示,天然气水合物在三相平衡压力以上时存在,保持温度不变,把压力降到平衡压力以下,这时天然气水合物开始分解。实验在快速搅拌中进行,用以避免团块传递的影响。Bishnoi 等认为,天然气水合物的分解可能分为两个阶段:颗粒表面的晶格"主"格子的破坏阶段和随后的"客"分子从表面的解吸阶段。Kim 等提出了天然气水合物分解的内在动力学模型——假设天然气水合物的颗粒为球形,并被云雾状气体所包围(图 2-6)。在图中,正在分解的颗粒被吸附反应层所围绕,再外层是排放出的气体云。天然气水合物颗粒分解速率表达式为：

$$-\left(\frac{dn_H}{dt}\right)_P = k_d A_P (f_{eq} - f'_g) \tag{2-10}$$

式中，k_d 为分解速率常数；A_P 为颗粒表面积；f_{eq} 为气体的三相平衡逸度；$f_{eq} - f'_g$ 为气体的分解策动力。

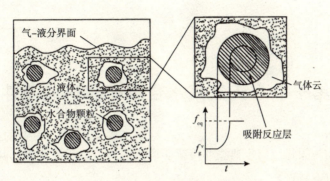

图 2-6　天然气水合物分解示意图

第三章　天然气水合物矿藏的形成

第一节　天然气水合物矿藏形成条件

天然气水合物为固相，属于典型非传统矿产资源和新型能源资源，其分布、产出及状态独特，主要有以下特点：

(1) BSR 埋深集中于深海的浅部沉积层，钻井揭示的埋藏深度通常为 74~1110m。

(2) 天然气水合物稳定带内的温度通常为 1~21.1℃。

(3) 具有双重(层) BSR 的存在。

(4) BSR 指示天然气水合物的底或游离气层系的顶，而且后者体积往往大于前者。

(5) 天然气水合物稳定带内的孔隙度平均为 5.8%~7.9%，紧邻 BSR 的位置约为 11.6%~19%，最大可能达到 35%。

(6) 游离气层系厚度通常为 7~210m。

(7) 天然气水合物稳定带厚度通常为 50~120m。

(8) 目前钻井确认的天然气水合物单层厚度均不大，大多数不大于 10m。

(9) 天然气水合物可分布于海底表层，海水深度应不小于 300m。

(10) 天然气水合物可分布于大陆和大陆架的永久冻土带，在分隔的大洋外部主要分布于主动(汇聚)大陆边缘或被动(离散)大陆边缘、深水湖泊及大洋板块的内部地区。目前，初步证实在西太平洋地区，天然气水合物可存在于：薄的大洋俯冲产生的逆掩盘和由于深海槽矿床叠加形成的俯冲边缘(例如日本南海海槽)，弧前盆地由于俯冲而致构造侵蚀的俯冲边缘，开始出现岛弧和海脊碰撞变形的俯冲边缘，表现为岛弧基底下大洋和海槽沉积物构造消减的俯冲边缘，洋壳内火山弧的俯冲边缘，等等。

(11) 在天然气水合物笼型化合物中发现的主要是生物甲烷气，热成因气分布较少(目前只在墨西哥湾和里海海域发现)。

天然气体水合物矿藏稳定带的基底深度和厚度主要受海底的温度和压力、地热梯度、气体成分及同生水的盐度等条件的控制。

一、温度和压力

天然气水合物产在一些特定压力、温度条件下的沉积物中，主要分布在永久冻土带地区和外大陆边缘地区海底及其以下。这些地区天然气水合物形成的推断深度范围如图 3-1 所示。对海底天然气水合物基底深度的推算是十分重要的，通常采用深度（压力）- 温度关系图，在地热梯度线与天然气水合物相平衡曲线的交点上确定水合物基底深度。

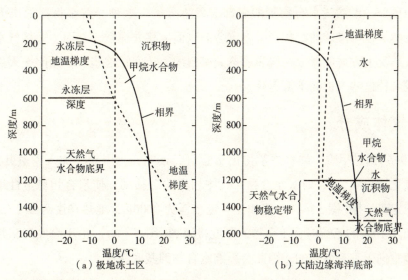

图 3-1 推测的天然气水合物稳定的温度 - 深度关系图

通过实验数据获得的天然气水合物稳定性的平衡温压曲线可以求出水合物形成带的厚度与埋深。因此，可以通过实验方法获得关于某一层位、某种组分气水合物形成的平衡曲线，然后依据井筒气体的静压力将其绘成地热梯度曲线。这两条曲线的交点就是地下水合物形成的空间下限。若交点位于气藏的底部，则说明产层的气体均为水合物相；若两曲线在含气水平层内相交，则说明气藏是混合性的，比曲线交点低的层位是游离气，比交点高的是水合物；若曲线交点高于含气区，则说明产层内没有水合物。

二、地热梯度

地壳中地热梯度 = 热流/热传导率。其中，地热梯度和热传导率在侧向和垂向上均可以有较大变化，而热流仅发生侧向上的变化。在海底局部地区热流大致恒定，由于不同的岩性具有不同的热传导率，因而具有不同的地热梯度，例如在盐丘中，由于盐的热传导率较高，地热梯度较低，因而导致其等温线较密集，因此，盐丘上的气体水合物带比周围要薄；由于页岩通常比周围沉积物的热传导性差，导致页岩底辟内的地热梯度较高，底辟之上的地热梯度较低，因此，页岩底辟之上的气体水合物带较厚；沉积物中水合物的形成可以降低沉积物的热传导率，使其以上的热传导率升高；另外，有热流活动的深断层和现代火山活动的均能导致地热梯度局部升高，从而使水合物基底的深度减小。

由图3-1可以看出：①沉积物中天然气水合物稳定存在的深度明显受地温梯度的控制，地温梯度高则天然气水合物带相对较薄，地温梯度低则天然气水合物带相对较厚；②如果地温梯度保持不变，则天然气水合物带的厚度直接与水的深度有关，即水的深度较浅，则天然气水合物带的厚度较小；③天然气水合物带随着沉积物不断堆积而变得稳定。

其中，第③点是最重要的，因为当沉积物不断堆积时，随着新的沉积物沉积于天然气水合物带的顶部，天然气水合物带的底部会发生分解。这种分解必将释放出大量的天然气，这些天然气在可渗透的沉积物中肯定会向表面运移并逸散。然而，天然气水合物带在这些游离天然气上方可能形成一层非渗透的密封层，从而将这些气体圈闭于天然气水合物层之下，或者使这些气体向下部运移。

三、气体成分

Max(1996)通过甲烷-纯水体系物化实验研究证明，当甲烷中加入少量其他气体(如乙烷、二氧化碳或硫化氢)时，水合物-气体相界向右移动，使水合物稳定性增强，从而使水合物稳定带变厚(图3-2)。例如，假定水深为2000m，地热梯度为2.5℃/100m，当向甲烷中加入10%的乙烷时，水合物的厚度将增加(图3-3)。由于海底沉积物中气体成分在侧向和垂向上都是变化的，因此会影响水合物的基底深度。

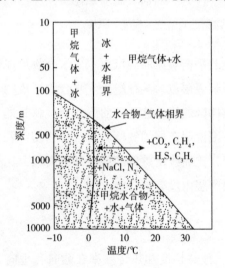 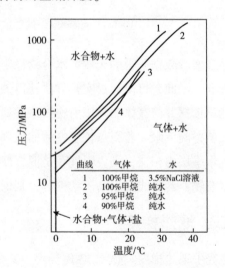

图3-2　气体水合物相图　　　图3-3　气体水合物稳定状态温压图

四、同生水的盐度

与其他气体进入甲烷的情况相反，当有盐溶液进入时，会将使水合物带变薄(Max, 1996)。例如，假定水深为2000m，地热梯度为2.5℃/100m，当给纯水中加入浓度为3.5%的NaCl溶液时，水合物的厚度将增加9%(图3-3)。由于海水中的盐度在侧向和垂向上均是变化的，因此会影响水合物的基底深度。

第二节 不同地质构造背景下天然气水合物的分布及形成特征

在地质构造方面，天然气水合物主要分布在主动和被动大陆边缘的加积楔顶端、陆坡盆地、弧前盆地、陆坡海山，乃至内陆海或湖区，尤其以主动大陆边缘俯冲带增生楔区和被动大陆边缘陆隆台地断褶区最为发育。这些地区天然气水合物的分布与海底扇、海底滑塌体、台地断褶区、断裂构造、底辟构造、泥火山、"梅花坑"地貌等特殊地质构造环境密切相关，具有天然气水合物成藏的有利地质构造环境。

一、主动大陆边缘天然气水合物的分布及形成特征

自20世纪60年代以来，众多学术组织为探讨主动大陆边缘的运动过程、动力作用机制及变形结果，分析其构造地层格架、物质结构及深部地质状况，先后在东、西太平洋和印度洋等主动大陆边缘进行了多次科学考察活动，在全球多个海域增生楔中发现了天然气水合物(见表3-1)。

表3-1 世界海域增生楔中天然气水合物分布情况

地区	增生楔位置	构造背景	发现方式	发现组织或国家	发现时间
太平洋地区	南设得兰海沟东南侧	南极板块内的菲尼克斯微板块向东南俯冲至南设得兰板块之下	识别BSR	澳大利亚	1989~1990年
	秘鲁海沟	太平洋板块俯冲于南美洲板块之下	获取天然气水合物样品，后重新处理地震资料，识别BSR	ODP组织	1986年
	中美洲海槽区		钻遇天然气水合物，后识别BSR	DSDP组织、美国得克萨斯大学海洋科学研究所	1979年
	北加利福尼亚大陆边缘岸外	门多西诺断裂带北部板块聚敛	识别BSR，并于海底地球化学岩样中见天然气水合物	美国地质调查局	1977年、1979年、1980年
	俄勒冈滨外	卡斯凯迪亚俯冲带南延部分	识别BSR，后经ODP钻探证实	美国迪基肯地球物理勘探公司、ODP组织	1989年、1992年
	温哥华岛外	卡斯凯迪亚俯冲带南延部分	识别BSR，后经ODP钻探证实	美国迪基肯地球物理勘探公司、ODP组织	1985~1989年、1992年

续表

地区	增生楔位置	构造背景	发现方式	发现组织或国家	发现时间
太平洋地区	日本海东北部北海道岛滨外	菲律宾板块向西北方向俯冲	钻遇天然气水合物，后经地震资料处理，识别BSR	ODf组织	1989年
	日本南海海槽	菲律宾板块向西北方向俯冲	钻遇天然气水合物，后经地震资料处理，识别BSR	ODf组织	1990年
	中国台湾碰撞带西南近海	南中国海洋壳向东俯冲于吕宋岛弧之下	识别BSR	中国台湾	1990年、1995年
	苏拉威西海北部及西里伯海周边	西里伯海洋壳在苏拉威西海西北部海沟处俯冲至苏拉威西岛之下	识别BSR	德国、印度尼西亚	1998年
印度洋地区	印度洋西北阿曼湾莫克兰近海	阿拉伯板块、印度洋板块向北俯冲至欧亚板块之下，形成自霍尔本兹至卡拉奇的东西向俯冲带	识别BSR	英国剑桥大学贝尔实验室	1981年

1. 主动大陆边缘深水区天然气水合物分布特征

1）主动大陆边缘地质结构特征

主动大陆边缘由沟－弧－盆系组成，洋壳下插至陆壳之下，大洋板块沉积物被刮落下来，堆积于海沟的陆侧斜坡上。形成增生楔。增生楔又称俯冲杂岩或增生楔形体，是主动大陆边缘的一种主要构造单元，沿板块活动边界发育深海沟，靠陆一侧由多个逆冲岩席组成复合体，在其后发育沉积型弧前盆地，两者构成陆坡。当大洋板块、海沟中的物质在板块俯冲过程中被刮落下来时，会通过叠瓦状冲断或褶皱冲断等各种机制附加到上覆板块，沿海沟内壁构成复杂地质体。高精度的地震探测技术显示，增生楔内广泛发育叠瓦状冲断和褶皱冲断，其结构类似于陆上的褶皱冲断带。俯冲增生的方式包括刮落作用和底侵作用。前者指俯冲板块上的沉积层沿基底滑脱面被刮落下来，通过叠瓦状冲断作用添加于上覆板块或已增生物质的前缘；底侵作用则是指俯冲物质从上覆板块与俯冲板块之间楔入，添加于上覆板块或增生楔的底部，它会导致增生楔逐渐加厚并抬升。

学者们正是在上述增生楔地区的浅地层内发现了天然气水合物地震标志——BSR。天然气水合物在活动大陆边缘的加积楔顶端、陆坡盆地、弧前盆地等地区广泛分布，尤其以主动大陆边缘俯冲带增生楔区最为发育，表明该区具有较好的天然气水合物成藏环境（图3-4）。

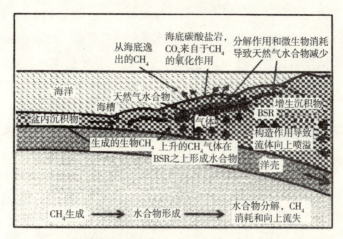

图 3-4 主动大陆边缘增生楔内气体迁移与天然气水合物 BSR 形成关系示意图
(据 Hydman 等，有改动)

2) 东太平洋地区天然气水合物分布特征

东太平洋海沟俯冲带南起南设得兰海沟，北至俄勒冈，为著名的构造活动带，是典型的活动大陆边缘，目前已成为世界各国地质学家颇感兴趣的研究区域。自南部的南设得兰海沟往北经智利西海岸外的智利三联点附近连接秘鲁海沟、中美洲海槽区、北加利福尼亚大陆边缘至俄勒冈滨外及温哥华岛外的卡斯凯迪亚俯冲带海沟东侧陆坡，盖层之下均有增生楔发育，是主动大陆边缘地区天然气水合物发育的理想场所。

以温哥华岛外陆坡区卡斯凯迪亚天然气水合物脊为例予以分析。

(1) 地质构造背景。

20 世纪 80 年代末，卡斯凯迪亚俯冲带因被视为研究增生楔环境流体流动影响因素的天然实验室而得到广泛关注。

沿卡斯凯迪亚俯冲带边缘，年轻的胡安·德·富卡大洋板块以约 45mm/a 的速率向东北与北美大陆的勘探者板块(美国西北部和加拿大西南部近海)正向碰撞，俯冲于北美大陆之下，在胡安·德·富卡海脊体系附近形成洋壳，并伴生有向陆倾斜的逆冲和隆升作用。向大陆下俯冲侵入的胡安·德·富卡板块上大约 3km 厚的浊积岩和半远洋沉积物被刮落下来，堆积于海沟的陆侧斜坡，形成一系列近平行展布的增生楔，同时沿增生楔发育多条逆冲断层、张性破裂面及伴生褶皱。逆冲断层朝陆倾斜，沿构造走向构造式样发生变形，变形前缘过渡处被北西向的左旋走滑断层切割，该断层从变形前缘的深海平原一直延伸至陆架。

在过去的 4300 万年间，沿温哥华岛近海靠陆一侧发育形成了 60km 宽、20km 厚的巨型粗粒碎屑增生楔，楔体由变形前锋、逆冲断皱带及根带组成，其内发育斜坡盆地、褶皱、不整合和侵入体，体现了幕式汇聚及前弧火山活动的结果。

卡斯凯迪亚盆地位于上述增生楔的斜坡部位，由浅部的早更新世细粒半远洋粉砂质黏土及上覆快速沉积的更新世勃土质粉砂夹细砂浊积物组成,厚2~3km,埋藏浅、变形小,水深约2500m;斜坡底部沉积物向上逆冲褶皱成狭长的背斜脊,脊宽5km、高750m,深部沉积物因压实和胶结作用,变形严重。变形前缘附近的逆冲断层垂直断距达500m,逆冲断层使海底快速上升到1400~1500m,形成海底阶地。BSR 主要位于水深约1300~1600m 的中部斜坡,BSR 几乎出露至海底。

在俄勒冈增生楔复合体中,有一个长25km、宽15km,被天然气水合物所覆盖的帽状水合物脊,由南北两峰组成(图3-5),北峰最小水深600m,南峰水深约800m。

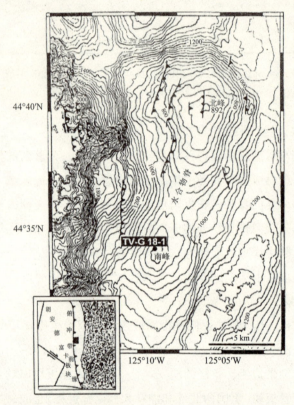

图3-5 俄勒冈滨外的卡斯凯迪亚天然气水合物
脊地形图(据 Trehu 等,有改动)

1986年,Kulm 等利用人工和遥控两种功能的下潜式拖曳海底照相机首次揭示了北峰上的块状碳酸盐岩和生物群落活动景观。1988年,在卡斯凯迪亚海沟东侧边缘朝海一侧的增生楔上放置可视喷口取样器(VESP)系统(原型桶口取样器),第一次实现了俯冲带原位流体测量。1991年,在天然气水合物脊北峰(第二个增生楔)用同样的方法记录并定量观测了流体流速。1992年,为了定量分析该边缘流体及其化学性质,ODP 执行了 TECFILUX 钻探计划。在进行 ODP 钻探准备时,采用 DSRV Alvin 调查方法,观察天然气水合物脊的流体活动喷溢范围,并获取了碳酸盐结构标志物样品。ODP 的892钻孔在天然气水合物脊北峰的海底及海底以下64m处钻遇了4~17m厚的天然气水合物层,浅部天然气水合物呈结核状,钻探井位于天然气水合物脊北部逆冲断层上倾方向的主要构造带附近(图3-6),断层在海底出露处有类似生物丘的碳酸盐结构标志物,大多是由同沉积环境排出的甲烷轻碳组成。1996年,"太阳号"SO110航次和1998年的R/V Ron Brown调查期间,采用可视拖网等多种技术方法在该地区发现了较发育的BSR。2001年,Suess等在增生楔边缘的天然气水合物脊北峰海底处的气孔中观察到剧烈溢出的富甲烷气。

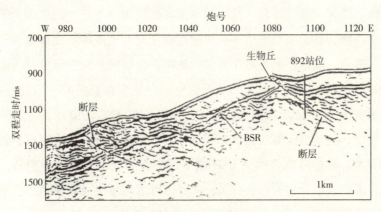

图3-6 俄勒冈滨外的多道地震保幅剖面及ODP钻孔位置图
(据Mackay等,有改动)

1998年,Bohrmann等发现天然气水合物脊南峰海底处流体活动证据较少,利用海底照相拖体穿过天然气水合物脊南峰,显示局部存在具有松软沉积物和细菌席特征的平坦海底(图3-7),没有发现块状碳酸盐岩和伴生的生物孔穴。与这些观察结果对应的是,其地震显示特征较为复杂,包括位于BSR上、下层位的多个穿层负极性反射波,存在天然气水合物复杂的水下滑塌迹象,局部双BSR结构(取决于褶皱与沉积速率之间的平衡),等等,说明斜坡的不稳定与天然气水合物的分解有一定联系。

图3-7 卡斯凯迪亚天然气水合物脊(南峰)的地貌景观图(隆起上为细菌席所覆盖)
(据Trehu等,2003)

(2)天然气水合物分布特征。

①该地区具有"褶皱及逆冲断层发育、孔隙流体排出、地层压实"等增生楔地区特有的地质现象。增生楔内的反射层面多向大陆方向倾斜。浅层发现有较连续的BSR，具有强振幅异常反射，与海底平行，并与增生楔中朝陆方向倾斜的反射层斜切。

②增生楔地区地层变化复杂，垂向流体排泄通道发育，天然气水合物容易聚集成藏。如在斜坡盆地内，快速构造沉降和连续沉积导致天然气水合物稳定域底界向下迁移，气层转换成天然气水合物，其形成与增生加积体遭受挤压及含气流体释放有关。

③用单道、多道、深拖、回声测深等多频地震联合观测，同时研究某一地区的天然气水合物，效果显著。如在该地区出现的与天然气水合物存在有关的一系列地震异常标志，许多地震剖面上有BSR、BZ及速率倒转现象。BSR在陆坡广泛分布，与向陆倾斜的反射层斜交，深度较浅，甚至出露海底；BSR为单一对称脉冲，振幅比浅层反射强；BSR之上速率侧向出现异常，分析可能是由于BSR之下聚集游离气的丰度差异引致。BSR之上的速率增加不仅与天然气水合物的存在有关，而且也可能与增生杂岩体超压实有关。BSR界面附近速率出现倒转现象，表明BSR之下可能存在游离气。

④在增生楔高地形处，逆冲断层发育，断面朝向陆地，BSR在断层处向上牵引，海底断层处可见"梅花坑"、生物丘等天然气水合物地貌特征。此外，对南、北峰气体及天然气水合物形成的物理化学机制进行源区比较后发现，海底附近增生楔较老沉积物中有块状天然气水合物及与其相关的自生碳酸盐矿物分布，其甲烷可能来源于俯冲沉积物；而在斜坡盆地的海底附近没有发现天然气水合物及碳酸盐矿物富集的迹象，其气体可能来源于原地沉积物。

3）西太平洋地区天然气水合物分布特征

在太平洋西岸的几处活动大陆边缘也于俯冲带增生楔的变形前缘至下陆坡处发现有天然气水合物BSR显示，且有部分地区经钻探得到证实。如我国台湾碰撞带西南近海的增生楔内的背斜脊部、泥底辟构造及断层两侧均见有天然气水合物BSR标志；苏拉威西海南部的西里伯海俯冲带增生楔的上、下斜坡及前弧盆地内均见BSR显示，BSR平行于海底，且具有负极性，为单一对称脉冲，逆冲断层及泥底辟构造中断了BSR，与被逆冲断层复杂化的褶皱地层斜切。

以日本南海海槽天然气水合物赋存区为例予以分析。

(1)地质构造背景。

由于菲律宾海板块向西北方向俯冲与欧亚板块碰撞，形成了日本南海海槽及西北靠大陆一侧的增生楔，其浅部发育斜坡盆地，地震图像资料清晰地揭示了俯冲洋壳基底、拆离断层及其上覆增生楔的各构造单元。这里是天然气水合物发育的理想地区。

(2)天然气水合物分布特征。

通过数十年来的调查研究，认为该区天然气水合物分布具有如下特征：

①在增生楔内斜坡盆地的浅地层处有天然气水合物分布，分布范围从变形前缘一直延续至斜坡盆地内部。

②天然气水合物 BSR 分布面积约 32000km²。

③通过 ODP 钻探，在海槽变形前缘，808 井通过 BSR 处已获得天然气水合物岩样（图 3-8）；日本近年天然气水合物试验钻探也获得了少量的水合物岩样。

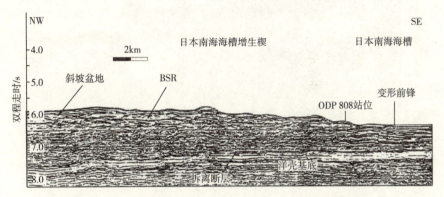

图 3-8 日本南海海槽及其西北侧增生楔的多道地震剖面及位于 BSR 最近处的 ODP 钻孔位置图（据 Ashhi 等，有改动）

④对上、下 BSR 结构的形成原因进行分析后认为，上 BSR 为一活动 BSR，位于 HSZ 的底部，可能代表现今天然气水合物底界，且 HSZ 内含游离气；下 BSR 作为早期天然气水合物的 BSR，为先期温压条件下的 HSZ 底界反射，与高频地震衰减有关，其下有大量游离气，代表天然气水合物稳定带从冰期至间冰期过渡时天然气水合物残留部分的底界，或者含不同重烃气体组分天然气水合物沉积物的底界。

4）印度洋地区水合物分布特征

有学者在印度西部大陆边缘的上-中陆坡地区发现了与天然气水合物相关的地震反射异常信息（BSR、空白反射、声学屏蔽）、地球化学异常、海底梅花坑地貌及上覆水体中突出的羽状流等，这些现象揭示了富含气体沉积物及天然气水合物的存在。BSR 反射比较连续，通常大约出现在水深 525~2200m 处。在 BSR 之上有清楚的反射空白区及声学空白带，BSR 之下出现杂乱或散射的双曲线反射波，表明可能富含气体沉积物。陆坡-陆隆区褶皱、底辟构造及断层发育，可以为流体、甲烷气体向上运移及存储提供通道及圈闭。

位于印度洋西北部的阿曼湾内莫克兰俯冲带及增生楔也是天然气水合物发育的理想地区。早在 1979 年，Robert 就在阿曼湾内发现天然气水合物层及其圈闭的游离气。1981 年，有学者在研究莫克兰大陆汇聚板块边缘厚层沉积构造时，于增生楔内隆褶带间发现了 BSR。这里是多个板块汇聚的地区，1981 年，剑桥大学贝尔实验室 Robert 和 Louden 在利用声呐浮标高角反射-折射地震资料研究莫克兰大陆边缘深部构造、增生楔高部位构造特征及斜坡处构造沉积间的相互作用时，在穿越莫克兰大陆边缘的地震反射剖面上，于增生楔内隆褶带间、增生褶皱带前缘附近的盆地内及盆缘发现了强反射较连续的双相位反射层，推测为天然气水合物 BSR(图 3-9)。

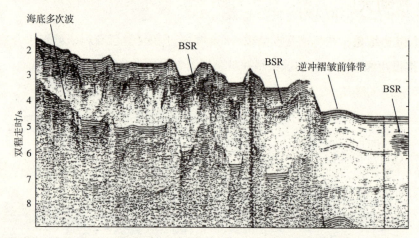

图 3-9 莫克兰大陆边缘俯冲带及增生楔的地震剖面图(据 Robert，有改动)

2. 主动大陆边缘深水区天然气水合物成藏过程分析

如前所述，主动大陆边缘及增生楔是天然气水合物发育的典型地区。一方面，由于俯冲板块的构造底侵作用，富含有机质的新生洋壳上的沉积刮落被带到增生楔内，不断堆积于变形前缘，俯冲带附近沉积物不断加厚，使深部具备了充足的气源条件；同时，在俯冲形成增生楔的过程中，由于构造挤压作用形成叠瓦状逆冲断层，增生楔处沉积物加厚、荷载增加，重力和构造挤压大大减少了孔隙度及流体平流的影响，导致沉积物脱水、脱气，增生楔内部压力得以释放，使得深部孔隙流体携带甲烷气沿断层快速向上排出，在适合于天然气水合物稳定发育的浅部地层处形成天然气水合物 BSR。另一方面，源自成岩反应、蒙脱石脱水及其他大气降水等的流体的加入也有利于流体运动以致溢出，在沉积物浅层或海底产生块状重晶石和钙质沉积物，而流体喷发释放的甲烷(或氨气)可以为底栖生物群提供养分。

这些活动均为天然气水合物的形成提供了较为充足的物质条件，从而在适宜的温压条件下聚集形成天然气水合物矿藏。由于增生楔属于构造活动区，构造隆升可能导致天然气水合物稳定带底部压力降低，天然气水合物分解，在稳定带底部圈闭游离气，使 BSR 更清晰可辨。

增生楔可以视为一种特殊的天然气水合物成藏环境。俯冲带有大量沉积物输入，物源充足，其中，含陆源和海洋有机质的沉积物被迅速埋藏，继而在构造作用下及时转移到能生成热解烃的地带，有利于天然气的生成；增生环境中构造运动活跃，且以逆掩推覆构造为主，有利于气体长距离运移；热结构剖面呈梯度变化，可提供烃气热灶环境。由此可见，增生楔具备物源及烃气运移和捕集的有利环境，这些都是该地区天然气水合物形成的有利因素。

二、被动大陆边缘天然气水合物的分布及形成特征

被动大陆边缘是指构造上长期处于相对稳定状态的大陆边缘，亦称为"被动边缘""稳定边缘""拖曳边缘""拉伸边缘""大西洋型边缘""离散大陆边缘"，具有宽阔的陆架、较缓的陆坡和平坦的陆裙等地貌单元，占目前大陆边界的60%，多沿劳亚古陆和冈瓦纳大陆裂谷内侧或克拉通内部形成。在这些地区的下陆架－陆坡区（变薄的下沉陆壳）或陆坡－陆隆区（变薄的下沉洋壳）边缘处，以重力驱动的拉伸构造作用发育了一系列平行于海岸线的离散大陆边缘盆地。这类大陆边缘的陆坡、岛屿、海山、内陆海、边缘海盆地和海底扩张盆地等的表层沉积物或沉积岩，是天然气水合物富集成藏的理想场所。

研究发现，在被动大陆边缘中，断裂褶皱系、底辟构造、海底重力流、滑塌体等地质构造环境与天然气水合物的形成、分布密切相关，典型的海区有布莱克海台、北卡罗来纳洋脊、墨西哥湾、挪威西北部巴伦支海、印度西部大陆边缘、非洲西部岸外等。被动大陆边缘内巨厚沉积层塑性物质流动、大陆边缘外侧火山活动及张裂作用，均可构成天然气水合物成藏的特殊环境。在布莱克海台、北卡罗来纳洋脊及里海等海区，天然气水合物的形成、分布均与底辟作用关系密切。

1. 被动大陆边缘深水区天然气水合物分布特征

被动大陆边缘地区构造活动相对较弱，但通过综合研究发现，由于火山活动及张裂－转换作用，在不同大洋的被动边缘，或同一大洋不同地区的被动边缘，时常因海底重力流、断裂及底辟作用，特别是大陆边缘内厚沉积层塑性物质流动、大陆边缘外侧火山活动及张裂作用，而在海底浅表层形成断裂－褶皱构造、底辟构造、海底扇状地形、"梅花坑"地貌和海底地滑等多种形式的构造、沉积、地貌环境，这些环境与天然气水合物的形成密切相关。大西洋沿岸、南极大陆周边、北极海周边和印度洋周边的多数地区均属于被动大陆边缘，且这些地区均有天然气水合物产出。

1）断裂－褶皱构造中天然气水合物分布特征

目前，已发现天然气水合物的被动大陆边缘断裂－褶皱构造区有布莱克海台、北卡罗来纳洋脊、墨西哥湾路易斯安那陆坡、加勒比海南部陆坡、南美东部海域亚马孙海扇、阿根廷盆地、印度西部被动大陆边缘下斜坡中部海隆区、极地区波弗特海、挪威西北巴伦支海内的熊岛盆地等。

以布莱克海台天然气水合物赋存区为例进行分析。

（1）地质构造背景。

布莱克海台位于美国东南大陆边缘，该海台向海中延伸至30°~32°N处，中断了该大陆边缘，该大陆边缘具有典型的陆架、陆坡和陆隆等大陆边缘结构，是一个自渐新世开始

发育的裂谷，在卢考特角和布莱克外海岭之间的陆隆沉积物中富集天然气水合物。

（2）天然气水合物分布特征。

布莱克海台地区地震剖面显示为一断裂－褶皱构造，在脊部之下伴生有多条正断层。在这里，发现有天然气水合物存在的一系列地震异常标志——BSR、空白带，在进行成因分析后，圈定了美国东南边缘地区BSR（面积约50000km²）。褶皱轴部出现与海底近似平行的强振幅BSR，在BSR之上为一厚层空白带，从轴部向两侧该现象逐渐减弱。由于断层的切割，BSR呈现断续分布特征，轴部BSR较强，至两侧翼BSR较弱。分析认为，天然气水合物的形成与该地区褶皱及断层有关，断层为天然气向浅部运移提供了通道，褶皱构造可适时圈闭运移到浅部地层的气体，形成天然气水合物。布莱克海台地区断裂－褶皱组合形成的特殊构造网络，为气体向浅部运移形成天然气水合物提供了许多有利因素。

2）底辟构造中天然气水合物分布特征

底辟构造是指在地质应力的驱使下，深部或层间的塑性物质（泥、盐）垂向流动，致使沉积盖层上拱或被刺穿而形成的一种构造。其侧向地层遭受牵引，在地震剖面上呈现出轮廓明显的反射中断。若存在天然气水合物，则在地震剖面上表现为相邻刺穿体之间的浅地层处发育有强反射BSR，底辟顶部靠两侧的翼部也存在BSR，与底辟引起的陡倾地层斜切。

被动大陆边缘内巨厚沉积层塑性物质及高压流体、大陆边缘外侧的火山活动及张裂作用，导致底辟构造发育，如美国东部大陆边缘北仁罗来纳底辟构造和非洲西海岸刚果扇北部底辟构造，以及里海和挪威海的泥火山、泥底辟构造，等等。这些底辟作用能导致构造侧翼或顶部的沉积层倾斜，便于流体排放，从而形成天然气水合物。

与盐底辟构造伴生的天然气水合物发育地区以美国东部北卡罗来纳大陆边缘区为代表。在跨越底辟构造的地震剖面中，可发现明显的盐上拱并侵入到上覆地层（图3－10），沿底辟柱两侧的牵引地层出现强反射BSR，BSR之上的地层因层间波阻抗差减小而出现空白带。底辟柱顶部有亮点，显示BSR之下的局部地区聚集有游离气。

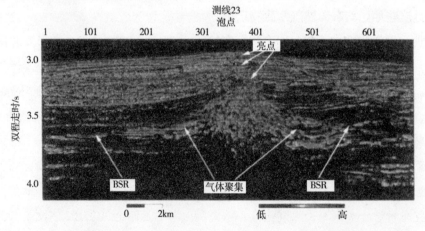

图3－10 美国东部大西洋南卡罗来纳近海盐底辟构造地震剖面图（据Willian等）

另一个与盐底辟构造伴生的天然气水合物发育地区为墨西哥湾盐丘区。通过高分辨率地震反射剖面图，可以发现天然气水合物 BSR 及空白带，从而初步圈定了天然气水合物的分布状况。另有学者采用 3.5kHz 回声探测仪、SeaBeam 等多手段联合观察，发现了与盐底辟相关的海底滑坡构造及其附近的天然气水合物及气体喷溢。

当含有过饱和气体的流体从深部向上运移到海底表层时，就形成了泥火山，由于喷溢物质受到快速的冷却作用而会在泥火山周围形成气体水合物。因此，在大陆边缘或内陆海甚至深水湖泊中，深水海底泥火山周围往往分布着环带状的气体水合物，如黑海、里海、鄂霍次克海、挪威海、格陵兰南部海域和贝加尔湖等地区，都已发现分布有气体水合物的海底泥火山。以里海地区为例进行分析。该地区由北、中、南里海组成，存在锥状、平顶状、垮塌状等不同类型的泥火山，其中，中、南里海天然气水合物生成带的厚度分别为 134m 和 152m。通过对其构造特征、振幅变化、流体迁移途径等进行研究后发现，该区 BSR 形态不规则，存在热流异常，构造活动导致天然气水合物处于欠稳定状态，有大量甲烷喷出。目前，在里海已发现 50 多个泥火山，其中 Buzday 泥火山高出海底 170~180m（水深约 480m），在泥火山顶部发现了天然气水合物。经测试分析，水合物所含的天然气中 C_2~C_6 有机物气体的含量最大可达 40%，$\delta^{13}C$ 含量达 38%，表明该区天然气水合物中的气体为热成因气。

3）滑塌构造中天然气水合物分布特征

滑塌构造是指海底土体在重力作用下发生杂乱构造活动后形成的沉积构造。滑塌构造内广泛发生变形，有时有清楚的滑动面，同一滑塌地点常有多期滑动，新老相叠而组成复合的滑塌体，或形成一个滑坡地带。可采用反射地震、海底反射声呐图像、浅层剖面和多波束联合观察研究。

天然气水合物可能是滑塌构造的一个重要的诱发因素。Kvenvolden（1993）、Reed（1990）、Paull 等（1996）先后指出，海洋沉积物中大量的天然气水合物会影响其他海洋地质作用，包括导致块体滑移等。例如，天然气水合物能作为胶结物，增强 BSR 之上的沉积物机械强度，然而，BSR 之下的未固结沉积物则可能因此而更容易发生变形，并向斜坡下运动，从而在海洋沉积物中形成不整合面，导致海底块体滑移。此外，孔隙流体压力减小或海底浅层温度增加，会使含天然气水合物地层底部的水合物分解，沉积物的剪应力降低，导致沉积物不稳定而发生块体滑移。

巴伦支海斯瓦尔巴群岛西北大陆斜坡是世界上最大的海底滑坡区之一，以该地区为例，对滑塌构造与天然气水合物的关系进行分析。

自 1983 年以来，众多学者及科考团队对该地区进行了地质研究，并在地震剖面上观察到了强 BSR，且 BSR 可从斜坡上部追踪至深海，埋深 165~250m，对应水深 860~2350m。沿 BSR 层位，其与下伏反射层声波阻抗出现相长（加）干涉或相消干涉，BSR 反射强度发生变化,这与下伏游离气层厚度变化密切相关。

在与该 BSR 相邻的 Storegga 滑塌区,于海底之下出现两组强反射层,构成双 BSR 结构,且浅层处的 BSR 与滑移面处于同一深度(图 3-11)。综合分析认为,该区天然气水合物的形成与深部断裂及浅地层处的滑塌构造关系密切。

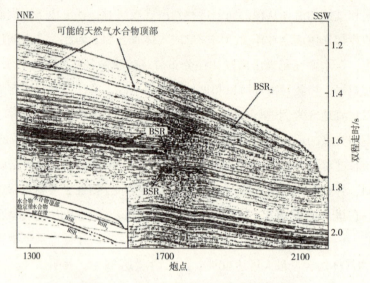

图 3-11 Storegga 滑塌区地震反射剖面图

采用高频海底地震仪的速率-深度结构资料,确定了 Storegga 滑塌区北部含天然气水合物沉积物的速率结构,显示存在几个高、低速突变带(图 3-12),高速带往往被明显含气透镜体低速层所中断,高速带与低速带之间的过渡与 BSR 对应,说明目前稳定带内的天然气水合物曾经历了平衡与欠平衡的变化过程,与地震剖面上观察到的双 BSR 结构吻合。

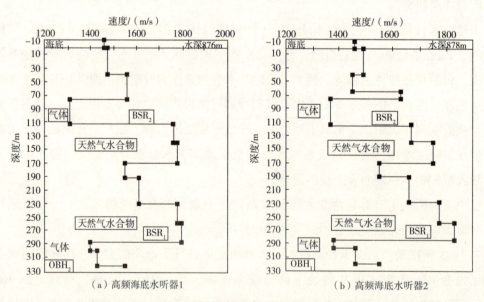

图 3-12 速率-深度结构模型图(据 Mienert 等,有改动)

此外，在地震剖面上还可见两处(垂向上)声波透明带，宽120m，垂向向上穿过水平层直至海底，并引起旁侧水平反射层向上弯曲，分析认为，这是游离气从深部向海底迁移的上行通道(图3-13)。

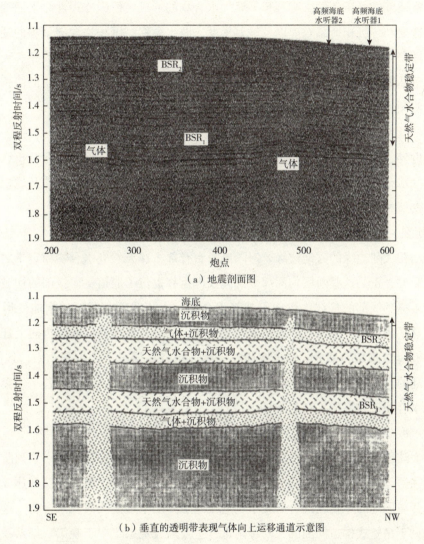

图3-13 Storegga滑塌区北部天然气水合物稳定带分布及结构示意图

2. 被动大陆边缘深水区天然气水合物成藏过程分析

1) 天然气水合物成藏的气源及温压条件

充足的气源条件是天然气水合物成藏的必备条件。沉积物中的有机碳含量、生物甲烷的生产率和孔隙流体中的甲烷溶解度是影响气源的3个重要参数。通常，热成因气是天然气水合物形成的主要气源，但生物成因气也是不容忽视的气源，特别是近海环境中，生物成因气显得更为重要，因为该环境的浊积岩和沉积物中有机碳含量较高，若生产率较高，则有机碳能形成一定量的甲烷，且随着海底深度增加，甲烷溶解度逐渐增大，当甲烷含量超过孔隙水中的甲烷饱和度时，生物甲烷成因气可形成少量天然气水合物，但往往不足以形成 BSR 之上的空白带。

合适的温压条件是天然气水合物成藏的外在动力。被动大陆边缘地区处于相对稳定的环境，具备适宜的温压条件，有利于天然气水合物的形成。但因冰川性海平面变化、大规模的新构造变动、沉积荷载效应以及地温梯度、海水温度、沉积物含碳量等的变化，会引起温压条件变化。这种变化既有利于新的天然气水合物形成，也可能导致原有天然气水合物分解、重新聚集，并使天然气水合物稳定带向上移位，使天然气水合物的消长处于一个相对动态的循环平衡体系中。

2）天然气水合物成藏的地质构造条件

纵观世界各地被动大陆边缘天然气水合物成藏的地质构造条件，综合分析认为，这些地区天然气水合物的生成往往与断裂－褶皱活动、底辟作用、垒堑式构造及浅地层处的滑塌活动等密切相关。

(1) 断裂－褶皱组合构造。

在被动在大陆边缘的盆地边缘、海隆或海台脊部，在天然气水合物稳定带之下经常伴生多条正断层，正是这些断层为深部气源向浅部运移提供了通道，而浅部的褶皱构造可适时圈闭住运移到浅部的气体，形成天然气水合物。由于浅部沉积层的褶曲变形及断裂作用，BSR 显示出轻微上隆或被断层错断而复杂化，部分气体可通过断层再向上迁移进入水体形成"梅花坑"地貌，部分气体可圈闭在天然气水合物层之下的沉积物中，致使 BSR 之下呈现杂乱的反射特征。总之，断裂－褶皱组合的构造特征，为气体运移、聚集并最终形成天然气水合物矿藏提供了有利条件。

(2) 垒堑式构造。

被动大陆边缘经常发育一系列半地堑式深水盆地，盆地内往往发育一系列阶梯状的垒堑式构造，通过这些构造周围的深大断裂及内部的一系列犁式正断层，深部热成因气向浅部运移，并与原地的生物气混合聚集于构造或地层圈闭中形成天然气水合物。这类天然气水合物多见于垒堑式构造周围的大断裂附近，主要形成地层集中于晚第三纪系，与下覆沉积关系密切。

(3) 底辟构造。

被动大陆边缘内巨厚沉积层的塑性物质及高压流体、大陆边缘外侧的火山活动及张裂作用，均可导致底辟构造发育。这些构造能引起构造侧翼或顶部的沉积层倾斜，便于流体排放，有利于形成天然气水合物。底辟构造还是被动大陆边缘区有利的天然气水合物富集场所，其天然气水合物多赋存在快速坳陷的巨厚沉积层内，埋深往往不大。

3) 天然气水合物成藏的聚集机制及模式

影响天然气水合物成藏机制的因素很多，如沉积速率、气体迁移方式等。由于上新世以来的沉积速率较高,沉积物在海底连续快速沉积,上覆沉积荷载的不断增加,并因压实作用导致下伏沉积物的孔隙度逐渐降低,天然气水合物稳定带底界逐渐上移,原有的天然气水合物将分解释放出烃类气体并向上运移。当这些气体重新进入新的水合物稳定带后,会再次形成天然气水合物,故天然气水合物稳定带的底界附近(即 BSR 附近)往往是高浓度的天然气水合物分布区。

对被动大陆边缘而言,海台区天然气水合物的形成以深部热成因气的垂向迁移为主,海底扇则以深海平原生物气的横向迁移为主,而海槽及底辟区则以混合气为主。因此,各地的成藏模式也不尽相同。

被动大陆边缘的深水区往往发育多期叠合盆地,深部的前新生代残留盆地常形成常规油气藏,其气体多以热成因气为主,它们沿断裂向中部的新生代沉积盆地内运移,并与新生界成熟的烃类混合,然后沿区域不整合面向海底浅表层运移,在适宜的温压域内形成天然气水合物。因此,在被动大陆边缘的深水区叠合盆地内,常常发育中下部为石油与天然气、上部为天然气水合物的"三位一体"烃类能源结构模式。

第三节　天然气水合物成因分析

目前世界各国对天然气水合物矿藏的勘探开发仍处于探索阶段,而关于其成因的研究也处于初级阶段,研究的重点包括天然气水合物形成的物质来源(天然气和水)、碳氢气体的获取方式以及天然气水合物形成的地质模式。

一、天然气水合物的物质来源

天然气(主要为甲烷)的来源有两类:一类属于生物化学成因,由近表层沉积物中的微生物在低温下分解形成;另一类属于热解成因,由较高温度(高于100℃)和较大深度下的有机质热分解形成,天然气会向上运移并在合适的构造或岩石圈闭中堆积下来。在自然界中,大部分天然气水合物是由生物成因的天然气形成的。

在大洋环境中,甲烷是最主要的烃类气体;而永冻区环境中,乙烷和其他重烃含量较多。气体成分的这种明显变化表明微生物作用并不是形成这些烃类的唯一作用,这些气体还可能是从深部运移而来,由埋藏在深部的沉积物中有机质的热分解而形成的。

生物化学成因的碳氢气体主要是通过厌氧菌在洋底消化有机碎屑而形成的。这种细菌以河流和沼泽冲刷到海湾或洋底的动物、植物碎屑为营养,在分解过程中,伴随着二氧化碳、硫化氢、丙烷和乙烷的形成,产生大量甲烷。这些气体向上迁移,并不断溶解于海底沉积物的间隙水中。当洋底的温度和压力条件适合时,就可以形成天然气水合物。除了形成天然气水合物外,在天然气水合物层下还经常会储集大量的甲烷气体。此类生物化学成因的天然气水合物通常为Ⅰ型结构。

来自石油和天然气渗出源或地壳更深部的释放气体是热解成因碳氢气体的主要来源。这些气体中,除了少量在海底之下的沉积层中就被捕获成为天然气水合物外,更多的是向温压条件适合形成天然气水合物的海底迁移。这类碳氢气体的相对分子质量比较大,可以形成较大的天然气水合物结构类型,如Ⅱ型结构的天然气水合物中可包含甲烷和其他的碳氢物质(丙烷等)。同时,Ⅱ型结构的天然气水合物也是最先在实验室中制造出的天然气水合物。另一种更大的天然气水合物结构类型是H型结构天然气水合物,这种不常见的天然气水合物能够形成足够大的"笼子"来容纳比甲烷大得多的分子。例如,在Jolliet油田的H型结构天然气水合物中包含大量的异戊烯。

天然气水合物中水的来源有两种方式:一种是水和天然气一起被运移并从过滤流中沉淀而成;另一种是从沉积物中原地萃取,随着甲烷的不断供给和共生水合物的形成,使得纯水从周围的沉积物中渗透扩散到反应带内。

二、碳氢气体的捕获方式

只有在适当地质条件下,碳氢气体才能被捕获形成天然气水合物。

在大陆上,天然气水合物形成范围较小,大体上与冻结岩石发育一致。图3-14所示为了大陆天然气水合物矿藏的形成模式。图3-14(a)(b)为常规气藏变为天然气水合物矿藏的过程;图3-14(c)(d)为分散烃形成天然气水合物矿藏的过程。起初,天然气水合物形成带位于高于天然气与水接触面的地方,由于水量不足,只有一部分天然气变成了水合物[图3-14(a)]。如果天然气水合物形成带下降到水与气体接触面以下,则天然气水合

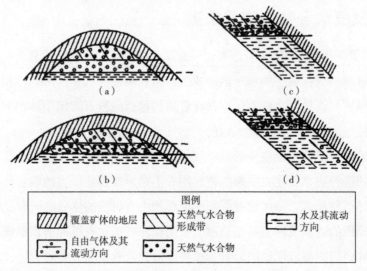

图3-14 大陆天然气水合物气藏形成模式

物的生成量增加[图3-14(b)]。如果天然气水合物形成带底部穿过含有自由气体或溶解气体的地层，则岩石开始被水合物填充[图3-14(c)]。当地层充注水合物的程度很高时，会变成不透水、不透气的地层，这种地层下面可能形成常规气藏[图3-14(d)]。

根据现有资料，在海洋中形成天然气水合物的碳氢气体捕获方式可以分为两种类型：一种是"简单"捕获，另一种是"复合"捕获。

"简单"捕获是指天然气水合物自身对有机气体的捕获，往往发生在水合物层的内部或下部。从构造角度来看，"简单"捕获主要发生在发育有较厚沉积楔的被动大陆边缘斜坡，且该区没有发育比较明显的构造变形。

"复合"捕获发生在天然气水合物盖层与地质构造或地层的结合部位，通常为聚合大陆边缘的增生楔发育区。"复合"捕获又可分为构造捕获和角度不整合捕获(图3-15)。前者发生在常规倾斜地层内，天然气水合物层和地层相向斜交，"盖层"完全由水合物构成；后者发生在

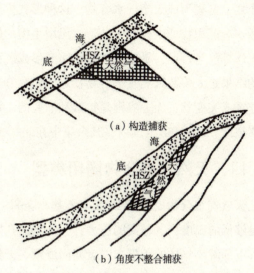

图3-15 两种"复合"捕获类型

坡度较陡的倾斜地层内，天然气水合物"盖层"与地层同向斜交，气体沿地层顺层填充。

三、天然气水合物的形成模式

天然气水合物所赋存的沉积物多为新生代沉积。在沉积层中，天然气水合物以分散状胶结尚未固结的泥质沉积物颗粒，或者以结核状、团块状和薄层状的集合体形式赋存于沉积物中，还可能以细脉状、网脉状充填于沉积物的裂隙中。

在自然界中，产于高纬度大陆地区永冻土层中的天然气水合物，其形成模式为低温冷冻模式；产于海底沉积层中的天然气水合物，其形成模式主要有两种：原地细菌生成模式和孔隙流体运移模式。

(1)低温冷冻模式。低温冷冻模式是由地下已存在的气体矿床或饱和气体的水在上升过程中受到冷冻发生相变而堆积形成天然气水合物的方式。通过该模式形成的天然气水合物通常与地表多年冻土层伴生。在形成过程中，地表冷冻起到主要作用。例如，南极和北极地区的天然气水合物大多为低温冷冻模式成因。

(2)原地细菌生成模式。该模式为高海洋生产率和高有机碳堆积的富碳沉积物区域中天然气水合物的形成方式，在其稳定带内天然气水合物可在垂向上的任何位置形成(上限

一般为海底)。天然气水合物的形成主要受大陆边缘所能获得的有机碳量及海底沉积物中有机碳的保存能力、沉积速率和氧化状态等因素控制。该模式下形成的天然气水合物带多集中在中高纬度地区。

(3)孔隙流体运移模式：含有甲烷(可以是微生物成因，也可以是热解成因)的孔隙流体无论是否达到饱和状态(相对于游离气体)，特定的地质环境将促使流体向上运移，并在BSR之上富集形成天然气水合物，这种形式模式即孔隙流体运移模式。该模式的适宜环境包括：有沉积物增生楔的俯冲带，无增生楔的俯冲带，高沉积速率区。上述环境都以大量的流体排放为特征，是地壳构造压缩变形或沉积物的侧向压实作用所致。这一流体运移模式的结果是大多数天然气水合物稳定聚集在BSR上一个相对狭窄地带，该稳定带的底界呈不连续或突变状，而上界则是扩散和渐变的。该模式下形成的天然气水合物约有50%分布在赤道南、北纬20°范围内，其余集中在北纬50°~60°。

四、天然气水合物圈闭类型

天然气水合物成藏需具备4个基本条件：①原始物质基础，即气和水的足够富集；②足够低的温度；③较高的压力；④一定的孔隙空间。在自然界中，天然气水合物常常作为其下部游离气体的盖层，二者共同成藏。天然气水合物圈闭类型可以分为两种：简单圈闭和复合圈闭。简单圈闭完全形成于天然气水合物层内和层下；复合圈闭是由天然气水合物和地质构造或地层相结合形成的(图3-16)。

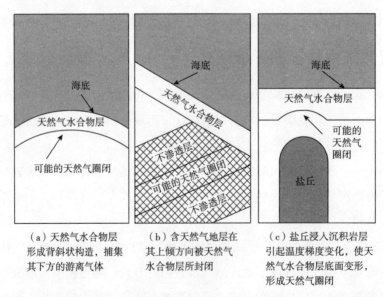

(a) 天然气水合物层形成背斜状构造，捕集其下方的游离气体

(b) 含天然气地层在其上倾方向被天然气水合物层所封闭

(c) 盐丘浸入沉积岩层引起温度梯度变化，使天然气水合物层底面变形，形成天然气圈闭

图3-16 天然气体水合物圈闭类型

1. 简单圈闭

简单圈闭，也称为单一型圈闭，指由天然气水合物和某一种主要因素结合而形成的圈

闭(如地形不平)。在天然气水合物本身形成圈闭的地方,由于早期沉积过程中沉积物分布不均、差异风化、流体侵蚀和冲刷及后期较低程度成岩过程中差异性压实等作用的结果,往往会形成不平坦的地形。在形成简单圈闭的环境中,断层作用不再是流体运移的主要因素。天然气可能是在水合物圈闭周围大片地区甚至在深海平原上产生。天然气水合物"盖层"可以在地下延伸数十千米甚至上千千米。流体可以在此低角度覆盖层之下朝上(理论上为长距离)运移。这种类型天然气水合物可以在较近代(晚第三纪到第四纪)的沉积物中找到。

2. 复合圈闭

在复合圈闭中,除天然气水合物层外,局部构造和地层也都显得十分重要。当地层倾向和天然气水合物层的倾向相反时,可以形成天然气圈闭,圈闭盖层一部分为天然气水合物层,另一部分则为致密的非渗透层。这种圈闭一部分类似于构造圈闭,在这种圈闭中,地层倾向与断层倾向相反;还有一部分类似于不整合圈闭,在这种圈闭中,地层倾向于不整合面的倾向相反。

第四章 天然气水合物勘探方法

如何识别天然气水合物,是开展水合物研究的首要问题。目前,常用天然气水合物的识别标志主要有3种,即地球物理识别标志、地球化学识别标志和海底地质识别标志。

第一节 天然气水合物的识别标志

一、天然气水合物地球物理识别标志

地球物理技术是天然气水合物识别的核心技术。利用反射地震技术,Shipley 等在20世纪70年代就发现了似海底反射层,自此,似海底反射层成为识别天然气水合物最重要的标志。后来,石油勘探中应用的 AVO、AVA 技术也被用于天然气水合物识别中。随着海底勘探技术的进一步发展,高频 OBS 技术、海底电磁法勘探技术等也被陆续用于天然气水合物的探测中;常规油气测井技术也被逐渐应用到天然气水合物的勘探中,人们利用电阻率、声波、成像等测井技术识别出了各种类型的天然气水合物,并实现了水合物饱和度的高精度评价。

1. 似海底反射层

似海底反射层(BSR)是海域天然气水合物最重要的识别标志之一,具有与海底大体平行、与海底反射波极性相反、振幅强的特点。BSR 上覆地层中含有的天然气水合物声波速率高,下覆地层因可能含有游离气而声波速率较低。海底沉积物的地温变化很大(压力变化不大),海底的起伏变化会造成沉积物中等温面的起伏变化,故 BSR 大致与海底地形平行。由于天然气水合物的形成可能导致 BSR 至海底间的沉积层固结而呈均质,内部波阻抗差减小,因此,BSR 至海底间会出现空白带/弱振幅带。许多地区的 BSR 十分明显,但是,也有一些地区因构造特征复杂而导致弱 BSR,不易识别。我国南海北部神狐海域由于发育大量峡谷,导致 BSR 表现得较为杂乱、不连续(图4-1)。在韩国郁陵盆地的浊流-半深海沉积层中,发现了大量的"气囱"反射结构,被认为是天然气水合物的形成造成地层纵波速率增加,而导致的上拱反射特征(图4-2)。"气囱"现象在天然气水合物地区比较

普遍,韩国研究人员通过钻探证明,在天然气水合物稳定带内的"气囱"往往指示水合物相对高富集,在UBGH2-3井"气囱"内发现的天然气水合物饱和度高达70%。

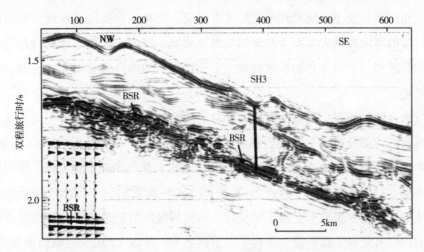

图4-1 中国南海北部神狐海域地震剖面的BSR显示

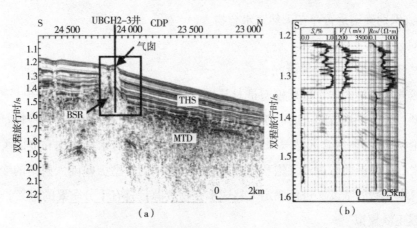

图4-2 韩国郁陵盆地地震测线及"气囱"内发现脉状水合物示意图

但是,BSR也会有假象,因而需要更多的地质地球物理信息来验证。地层侵蚀(或沉积)或矿物相变会形成BSR假象,也称伪BSR(图4-3)。伪BSR代表地层侵蚀(或沉积)前的岩性边界。矿物相变也会产生伪BSR,硅藻类沉积中的蛋白石A到蛋白石CT的成岩变化与海底起伏平行的反射,切穿了海底沉积层,便类似BSR,但是其具有正极性特点。

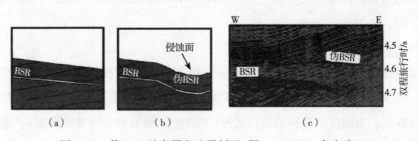

图4-3 伪BSR示意图和地震剖面(据Hornbach,有改动)

BSR作为天然气水合物稳定区域的底界通常较容易被识别出来，但却很难识别出天然气水合物层的顶界和BSR之下游离气层的底界。BSR不能仅用目测方式确定，而要经过振幅保真、相位校正及正反演处理等之后才能确定。BSR往往横向不连续，振幅的强弱和下伏游离气层的厚度有很大关系。在天然气水合物沉积层内，随着水合物含量的增加，会导致振幅的衰减增加；而水合物浓度的增大会使得岩石的弹性模量增大，进而引起岩石弹性不均匀增加。

天然气水合物可表现出明显的强振幅异常，具有较高的波阻抗。但当天然气水合物的厚度小于现有的地震分辨率时，受地震波的调谐作用影响，剖面上往往难以识别出BSR。但由于天然气水合物所在地层的速率高且BSR之下由游离气引起的速率低，因而会造成明显的上部速率上拉、下部速率下拉现象(称为"VAMPS现象")。当天然气水合物的厚度较小，其高速率造成的地震波形上隆不明显时，由游离气层的低速率引起的地震波形的下凹仍是明显的，且有限的上隆直接覆盖在多层下凹之上，所以VAMPS现象仍然显著。因此，在不变形背景中的一般平缓起伏的沉积物地震剖面上，若BSR难以识别，则可以通过VAMPS现象识别确定是否存在天然气水合物。

2. 地球物理属性识别技术

1）天然气水合物岩石物理研究

含天然气水合物的岩石物理模型是对其进行地震研究的基础。基于简单模型(如孔隙度降低模型、时间平均方程、时间平均Wood加权方程等)和复杂模型(弹性模量模型、等效介质理论模型等)研究含天然气水合物沉积岩石弹性参数与水合物饱和度的关系，研究含游离气岩石弹性参数与游离气饱和度的关系，计算不同模型振幅随入射角的变化，对于估算天然气水合物的浓度，进而确定天然气水合物资源量具有十分重要的意义。

2）地震正演模拟

地震正演模拟包括数值模拟和实验室物理模拟。数值模拟正演可以结合反演结果修正模型来进行正反演交替迭代，实验室物理模拟通常可以用来验证数值模拟结果能否体现地震波传播的物理过程。通过正演得到的地震响应分析结果，可以用来研究天然气水合物沉积层和含游离气沉积层的厚度、孔隙度、饱和度、流体性质及组合结构的变化与地震反射特征、结构的关系。地震正演模拟与实际地震资料结合分析，对于天然气水合物资源评价具有重要作用。

3）天然气水合物的地震资料处理

由于相对于油气储层而言，天然气水合物沉积层埋藏较浅，因此其地震波传播距离短，振幅、频率损耗少，有利于高分辨率采集、处理技术的实施。结合海域天然气水合物的地震反射机理，实施地震资料的叠前去噪(多次波、鬼波和气泡效应压制)、能量衰减分析和补偿、地表一致性振幅恢复、地表一致性静校正、地表一致性相位校正、高精度速率分析、保持振幅反褶积、保持振幅叠加及叠前偏移处理(含DMO)等高分辨率处理方法,可以得到高品质的地震资料。

4) AVO识别技术

AVO识别技术是利用地层的纵、横波特性,以及由此形成的地震反射振幅与偏移距随入射角(AVA)的变化关系来判断地层和岩石物性的一项地震勘探技术。AVO识别技术与反演技术在天然气水合物的研究中被广泛应用,目前,几乎所有的天然气水合物研究区都进行了以BSR和伪BSR的识别为目的的AVO识别研究。

AVO识别技术中,首先设计不同的天然气水合物赋存状况地质模型,在此基础上根据反射层不同的弹性参数(如纵波速率、横波速率、密度、泊松比)模型,正演计算单个反射层的AVO响应特征,然后与拾取的实际AVO响应进行对比分析,探讨BSR成因,最后分析是否存在游离气,并反演计算游离气厚度、天然气水合物厚度和天然气水合物饱和度。但是由于游离气饱和度为2%的沉积物与饱和度为100%的沉积物的泊松比差别极小,因此利用AVO识别技术通常无法估算游离气的饱和度。

利用AVO识别技术进行分析处理时,在获取角道集成果的基础上,一般还要获取反映近似于零炮检距的反射纵波的P波剖面,反映反射振幅随入射角的变化率及变化趋势的梯度剖面G剖面,反映天然气地层横波变化的拟横波剖面,反映天然气水合物异常的亮点剖面,以及反映泊松比变化的泊松比差值剖面。这些剖面统称为AVO属性剖面。

利用AVO技术进行天然气水合物定量研究时,必须在AVO反演提取属性剖面的基础上,先验性地给出一个纵、横波速率比,由此可以求出横波速率。此后,可以用AVO的截距和横波数据求出纵波和横波的波阻抗值,根据这两种波阻抗值求出泊松比。利用高分辨率的纵波速率、横波速率及泊松比反演结果,结合岩石物性分析结果和模型AVO正演结果,可以进行天然气水合物、含游离气沉积层储层预测、物性参数的定量预测。

5) 波阻抗反演技术

相比于饱和海水沉积层和含游离气沉积层,天然气水合物沉积层具有较高的波阻抗,波阻抗由低向高变化的拐点处为天然气水合物储层的上界面,波阻抗由高向低变化的拐点处为天然气水合物储层的下界面。

利用测井信息的纵向高分辨性和地震资料的横向连续性,对地震剖面进行宽带约束反演处理,可以得到波阻抗剖面,从而反映天然气水合物在横向和垂向上的分布。

6) 弹性波阻抗反演技术

利用纵波反射数据进行弹性波阻抗反演可以估算弹性参数,该技术已被有效用于岩石特性分析和解释中。当子波随偏移距变化的时候,弹性波阻抗反演优于AVO反演。图4-4(a)所示为时间偏移角(孔径)道集剖面;图4-4(b)所示是弹性波阻抗反演结果。由图可见两组由天然气水合物层和游离气层交互产生的高低阻抗层(H_1、L_1、H_2、L_2)。利用弹性波阻抗数据和纵波波阻抗数据(入射角约为0°),可以得到横波波阻抗结果,由横波波阻抗数据和纵波波阻抗数据可以得到纵横波的速率比、泊松比、拉梅参数等弹性参数,继而可预测天然气水合物和游离气的浓度及分布。

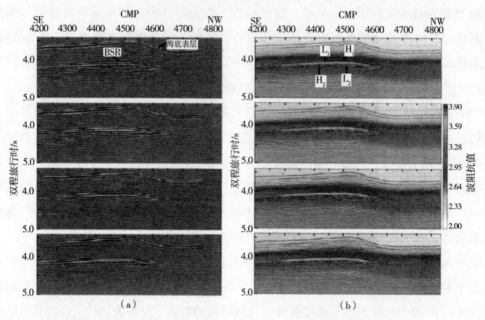

图4-4 时间偏移角(孔径)道集剖面(a)与弹性波阻抗反演结果(b)
(入射角自上而下分别为0°~8°、8°~16°、16°~24°、24°~32°,据Luand McMechan,有改动)

7) 吸收系数反演技术

由于天然气水合物沉积层具有较低的吸收系数,而其上、下围岩(尤其是含游离气层)具有较高的吸收系数,且天然气水合物的含量与吸收系数有密切的关系,因此,吸收系数反演技术可以预测天然气水合物的含量;吸收系数剖面可以用于天然气水合物沉积层顶、底界面的标定和厚度预测。

8) 全波形反演技术

纯天然气水合物的密度($0.9g/cm^3$)和海水的密度相近,产生BSR的波阻抗差主要是由天然气水合物和自由气之间的速率差异造成的。因此,速率分析是通过地震技术研究天然气水合物的关键,而全波形反演是速率求取的重要方法。在地震资料振幅保真、高分辨率处理的基础上,进行高分辨率速率反演处理以获取速率剖面,在此剖面上可以利用天然气水合物沉积层与其上、下围岩(层)的速率差异识别天然气水合物(图4-5)。

9) VSP技术

利用VSP技术可以得到纵波速率和横波速率的垂向分布,也能刻画天然气水合物分布的横向变化。由图4-6可以明显看出VSP处理数据有很好的横向连续性。

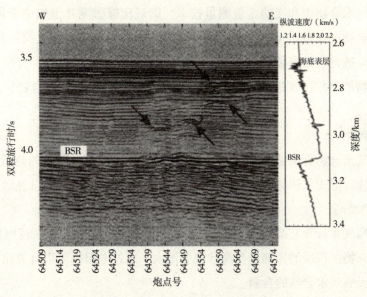

图 4-5 波形反演得到的天然气水合物稳定带内和 BSR 处的速率异常(据 Holbrook 等,有改动)

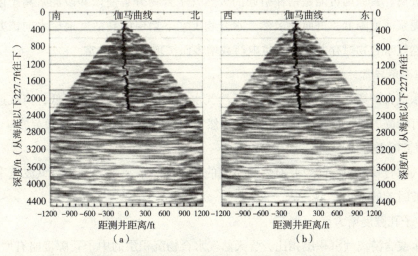

图 4-6 上行地震纵波数据和伽马测井曲线对比(1ft = 0.3048m,据 McGuire 等,有改动)

3. 地球物理测井技术

地球物理测井技术在天然气水合物识别中十分重要,具有识别准确度高的特点。电阻率测井是估算天然气水合物饱和度最直接的方法。电阻率测井方法求得的孔隙度与密度测井和中子孔隙度测井相比,其求得的孔隙度更接近岩心分析孔隙度。通过电阻率测井估算出的天然气水合物饱和度与通过氯离子异常方法估算出的天然气水合物饱和度值类似,但用电阻率测井估算的饱和度整体略高,这可能是由于取样过程中水进入岩心降低了氯离子浓度所导致的。核磁共振测井装置可以提供与岩性无关的孔隙度测量并估计地层渗透率,

55

从而改进天然气水合物饱和度的定量测量技术。碳氧比能谱测井也叫中子伽马能谱测井，能够提供岩石矿物中大多数元素信息，从而建立数据详细的矿物模型，并对地层中的天然气水合物饱和度进行有效测量。

通过地球物理测井技术进行天然气水合物识别时，含天然气水合物沉积层主要特征如下：

(1) 气测异常。

在含天然气水合物岩层钻井的过程中，洗涤液和钻头工作时放出的热量可以分解井壁的天然气水合物，形成气体异常，在泥浆含气录井和气测录井中有明显显示。

(2) 电阻率增高。

孔隙被天然气水合物充填后的岩层导电率降低，电阻值升高，在视电阻率测井曲线上，天然气水合物沉积层的顶部呈台阶状突变增大。通过电阻率可以计算出沉积物的孔隙度和沉积物中天然气水合物的含量。

(3) 低自然电位。

与含游离气沉积层相比，含天然气水合物沉积层存在较低的自然电位异常，且长电位与短电位分离。其原因可能是钻探引起的天然气水合物分解使该井段泥浆离子浓度降低，从而导致泥浆活度降低，进而使天然气水合物上、下岩层的高活度地层水向该井段扩散，最终使天然气水合物赋存井段泥浆负电荷数增多而呈现低电位异常。

(4) 速率负异常。

与含水或含游离气沉积层相比，含天然气水合物沉积层的密度降低，声波速率增大，同时还具有较高的纵、横速率比，从而在天然气水合物底界面出现速率负异常。

(5) 声波时差降低。

天然气水合物沉积层的声波时差与声波的传播速率成反比，沉积物纵波速率的增大，会导致声波时差的减小。

(6) 中子孔隙度增大。

与含水或含游离气沉积层相比，含天然气水合物沉积层的中子孔隙度略有增大。因为中子测井值反映的是地层中的氢含量。当天然气水合物形成时，一方面要从邻近地层中汲取大量淡水；另一方面，单位体积天然气水合物中约有20%的水被固态甲烷所取代，引起单位体积沉积物内的含氢量大大增加，从而导致中子孔隙度增加。

(7) 介电常数差异。

由于冰和天然气水合物的介电常数有显著差异(在273K温度条件下，冰的介电常数是94，而天然气水合物的介电常数为58)，所以介电测井可能成为永冻层识别天然气水合物的一种可行方法。

(8) 自然伽马值变化。

砂岩储层天然气水合物赋存层段的自然伽马曲线表现为箱状降低的谷值。沉积层自然伽马能谱的强弱与对放射性元素有强烈吸附作用的黏土的含量有关。天然气水合物在形成时不但要从上、下地层中吸收大量的水分子,还要吸收大量来自下伏沉积物的烃类气体,导致单位体积沉积物内的黏土含量相对减少,使天然气水合物赋存层段的自然伽马值降低。

二、天然气水合物的地球化学识别标志

地球化学方法是识别天然气水合物的另一种重要技术手段,它能够有效弥补地球物理技术的不足。应用天然气水合物的地球化学识别标志,结合地球物理技术等手段,综合判断天然气水合物的存在,对进一步认识天然气水合物的成分、物化性质及其形成机制、资源量评价等具有重要意义。

1. 海底甲烷异常

甲烷含量异常偏高可能是天然气水合物分解或深水常规油气渗漏所致。天然气水合物的形成和赋存与其下的游离气处于一种动态平衡状态,当天然气水合物分解或有地质构造穿过天然气水合物沉积层时,会导致甲烷逸散到海底而形成羽状流,从而引起海底甲烷的含量异常高。另外,甲烷含量高还可表明地层中的烃类气源充足。因此,海底甲烷异常可以作为判别天然气水合物的间接标志。

海底甲烷有3个来源——生物成因、热解成因、岩浆成因,而构成天然气水合物的甲烷,主要由前两种来源提供(许东禹等,2000)。通常,生物成因的甲烷主要在海底沉积物的浅部生成,而热解成因气的甲烷则在较深处产生(许东禹等,2000)。上述3种来源的甲烷可以通过甲烷与乙烷的比值$[\lambda(CH_4)/n(C_2H_6)]$或$n(C_1)/n(C_2+C_3)$和碳同位素比($\delta^{13}C$)来区分,具体识别标志见表4-1。

表4-1 3种不同来源甲烷的识别标志(据许东禹等,2000)

甲烷类型	一般特征	$[\lambda(CH_4)/n(C_2H_6)]$	$n(C_1)/n(C_2+C_3)$	$\delta^{13}C/‰$	生成深度
生物成因甲烷	与APT、LPS等生物质及微生物有关系	高($\geq 10^4$)	>1000	-100 ~ -50	浅
热解成因甲烷		低(≤ 10)	<100	-50 ~ -25	较深
岩浆成因甲烷		高($>10^3$)		-18 ~ -15	深

2. 孔隙水氯离子(Cl^-)异常

孔隙水中氯离子含量异常是天然气水合物存在的重要标志。水分子与烃类气体在沉积物孔隙中结合形成天然气水合物的过程中,只吸取孔隙中的淡水,而盐类物质不能进入水合物的晶体结构,这会引起天然气水合物存在范围内局部孔隙水离子浓度的增大。

随着埋深增加，沉积物被压缩，其中的孔隙减少，赋存天然气水合物的沉积物中的流体被排驱向上运移，从含天然气水合物层运移上来的孔隙流体具有明显的高氯度特征。随着时间的推移，这些与天然气水合物形成有关的高盐度孔隙水会由于梯度差而扩散。天然气水合物形成后，如果维持天然气水合物的温度—压力体系发生变动，对温度和压力变化异常敏感的天然气水合物就会发生分解，释放出其中的淡水，引起孔隙水的淡化，造成沉积物孔隙水氯离子含量降低。值得注意的是，单纯的沉积物孔隙水氯离子浓度在垂向上的降低并不完全指示天然气水合物的存在，如蛋白石、失水或渗滤、黏土矿物自生成因等作用都可以导致氯离子浓度在垂向上的降低（史斗等，1992）。如果沉积物形成于淡水向海水依次变迁的环境，同样可以引起孔隙水氯离子浓度在垂向上的降低（公衍芬等，2008）。

3. 孔隙水硫酸根（SO_4^{2-}）异常

天然气水合物赋存层段沉积物的硫酸根浓度同样呈现降低的趋势，其原因除了上述天然气水合物形成过程导致的孔隙水淡化外，富烃类流体（主要是甲烷）在向海底底床运移的过程中（即烃渗漏过程中），甲烷气体也会还原海底沉积物中的硫酸根而将其不断消耗，该过程所发生的化学反应为：

$$CH_4 + SO_4^{2-} \longrightarrow HCO_3^- + HS^- + H_2O$$

因此，线性的、陡的硫酸盐梯度和浅的 SMI 都是天然气水合物可能存在的标志（赵青芳，2006）。另外，大量研究证明，浅表层含天然气水合物的沉积物中往往均含有 H_2S 气体，而不含天然气水合物的沉积物基本不含 H_2S 气体（Brooks 等，1991）。

4. 沉积物地球化学异常

尽管顶空气指标还难以作为量化指标来判别是否存在天然气水合物，但天然气水合物分布区往往存在烃类气体（特别是甲烷）的高值异常，特别是当顶空气的高值异常与孔隙水的低氯异常现象同时存在时，就有可能存在天然气水合物（Kvenvolden，1995）。

三、天然气水合物的海底地质识别标志

1. 麻坑

麻坑是超压流体渗漏到海底形成的凹地，其在平面上多呈圆形或椭圆形，直径为数米到数千米，深度为数米至数百米。麻坑最早于 19 世纪 60 年代在加拿大新斯科舍岸外地区被发现。其后，许多研究者对该地区的麻坑进行了深入的研究。随着旁侧扫描声呐和高分辨率多波束技术的发展，在许多沉积盆地中都发现了海底麻坑。麻坑的发育往往与深部烃类气体的逸散有关。因其与油气之间关系密切，许多学者都专注于对它的研究，并取得了大量的学术成果。

麻坑密度和规模与浅层沉积物类型和厚度有关。细粒沉积物中发育的麻坑规模较

大，但是密度较小；而粗粒沉积中发育的麻坑密度大，但规模较小。底流对麻坑的发育、形态和规模也具有重要影响。底流可以疏散悬浮的沉积物，使麻坑壁滑塌，造成麻坑增大。麻坑不是简单倒立的圆锥，一些有光滑的平底，一些是丘状底。麻坑的斜坡很少是光滑的，通常表现为很多的波折或频繁的角度的变化。

众多学者对麻坑的成因进行了研究，大量证据表明，麻坑主要是由下部的流体逸散所导致的。在地震剖面上，麻坑之下往往存在地震反射异常，如浅层地震剖面上的杂乱反射、强振幅反射、空白反射和柱状地震扰动反射等。对阿拉伯湾海底的长期监测还表明，麻坑的形成与流体活动关系密切。对阿拉伯海湾的麻坑进行浅层取样后发现，样品中沉积物膨胀，出现孔洞，有 H_2S 的气味，含高浓度的甲烷。Gay 等(2006)对刚果盆地进行了麻坑取样，通过地球化学分析也表明麻坑中高浓度甲烷气体的存在。虽然麻坑的存在指示了气体逃逸，但是发现的麻坑并不都是活跃的；另外，气体的逸散也并不一定都能产生麻坑。甲烷的逸散还可以为海底的化能生物提供能量，促进这些生物的繁盛和麻坑中冷泉碳酸盐岩的形成。

麻坑之所以能成为天然气水合物的一个地质识别标志，是因为它在全球已发现的海洋天然气水合物分布区广泛发育。2006 年，由联合国教科文组织实施的 TTR(Training Through Research)计划第 16 航次第 3 航段，首次在挪威大陆边缘 Voring 台地东南部麻坑构造里取得了天然气水合物样品。该研究成果表明，麻坑构造是含甲烷流体的通道，是深部热成因或生物成因气体沿多断层向上运移至海底，致使海底塌陷而形成的。许多地震剖面上均显示麻坑构造之下为一些窄的垂直通道，伴随散射、杂乱反射或亮点，称为"气烟囱"。气烟囱可能表明了游离气体的存在，几乎所有的麻坑及其下的气烟囱都位于 BSR 之上，如果游离气能通过这些烟囱向上运移到麻坑附近，甲烷气体的供应将更加快速。由此可以推断，麻坑构造反映了强烈的流体活动。

天然气水合物富集区往往存在上述一种或多种地质构造背景，如在卡斯凯迪亚增生楔，断裂是气体向上运移的通道；在布莱克海脊，气体通过断裂向上运移至海底形成麻坑构造；而在挪威斯托里格滑塌区，天然气水合物的发育则受到滑塌构造、断层、底辟和麻坑等多种构造因素的综合控制。这些构造背景相互作用，既充当深部热成因气、生物成因气、混合成因气体或流体向上运移到海底的通道，形成天然气水合物矿藏，又可能造成天然气水合物的温压环境改变，破坏天然气水合物矿藏，致使天然气水合物分解，甚至发生海底滑塌等地质灾害。

海平面下降或地壳隆升造成了天然气水合物上覆地层压力减小，致使天然气水合物分解；当这些气体或流体运移到海底发生渗漏时，还与泥火山或泥底辟、麻坑构造有关。前者可以为渗漏提供通道和气源，后者则可能是由于渗漏而在海底产生塌陷地貌特征。泥火山、泥底辟会在海底形成隆起地貌，而麻坑则形成下陷地貌。

Gay 等(2006)描述了刚果盆地天然气水合物成藏和气体泄漏现象,中新统—渐新统池积水道作为主要储层为气体渗漏提供了气源;储层气体压力超过盖层毛细管阻力时,气烟囱形成;同时,多边形断层的发育为流体运移提供了通道,流体在多边形断层顶部受到上新统泥岩层的封堵,并在合适的温压场条件下形成了天然气水合物。天然气水合物顶部气烟囱的形成有两个可能性,一般认为相对海平面变小,或地壳隆升造成了天然气水合物上覆地层压力减小,致使天然气水合物分解,气压升高,突破盖层封堵,形成气烟囱;另外,如果相当长时间内,没有发生相对海平面变小,或地壳隆升,天然气水合物底部持续增大的气压可能会使水合物层产生微断裂,进一步形成气烟囱。气烟囱内部气体驱动孔隙水流动,在浅部地层发生液化,从而形成麻坑。

Petersen 在 2010 年研究了挪威冷岸群岛西部海域的沉积物,研究中使用专门设计的勘探浅部地层的 P 波电缆三维勘探设备,取得的地震数据对浅部地层中的天然气水合物、气烟囱、麻坑等具有很高的分辨率,天然气水合物稳定带底部 BSR 能够清晰识别,顶部气烟囱的轨迹和内部反射特征分辨更加清晰。气烟囱连接麻坑和 500mbsf 处的天然气水合物层,通过地震剖面识别出气烟囱的运动轨迹不是垂向直线,而是横向摆动,摆动的最大距离达 200m。另外,高分辨地震能够识别出气烟囱内部的强反射区和弱反射区,强反射发生在 BSR 之上靠近海底 40~50m 的地方,很可能是大量气体存在,或是自生碳酸盐影响所致。

2. 冷泉碳酸盐岩

近三十余年的海底探测展现了过去许多不为人知的海底复杂而奇特的自然现象,冷泉流体是继洋中脊以下盆源中高温流体的热泉被发现和研究之后的又一个新的盆地流体沉积体系。而冷泉碳酸盐岩是冷泉流体由深部向上渗漏过程中,在海底附近经甲烷氧化古细菌和硫酸盐还原细菌共同新陈代谢的产物,与冷泉化能自养生物群呈现出互利共生、相互依存的关系。冷泉化能自养生物群不仅是冷泉渗漏活动的重要标志之一,同泥火山、泥底辟一样,也是海底浅埋藏渗漏型天然气水合物产出的理想场所,成为继指示天然气水合物底界的强反射(BSR)之后,又一指示现代海底发育或存在天然气水合物的有效标志。

早在公元前 1 世纪,古罗马和古希腊地理学家就注意到叙利亚、希腊和意大利的浅水海域有淡水上涌现象。1983 年,人们在墨西哥湾佛罗里达陡崖 3200m 深的海底观察到海底冷泉特征及其相关产物(如冷泉碳酸盐岩、冷泉化能生物群、麻坑、泥火山等),研究程度最深的冷泉发育区包括阿留申群岛、卡斯凯迪亚、巴巴多斯、俄勒冈州沿岸和墨西哥湾等地区。2004 年,在中德合作项目"南海北部陆坡甲烷和天然气水合物分布、形成及其对环境的影响研究"中,利用德国"太阳号"SO-177 科学考察船,通过海底电视观测和海底电视监测抓斗取样,首次在我国南海东沙群岛附近发现了冷泉喷溢形成的巨型自生碳酸盐岩，面积达430km²，并将其命名为"九龙甲烷礁"（黄永样等，2008）。在九龙甲烷礁区碳酸盐岩结壳裂隙中，科学家发现了天然气水合物甲烷气体喷溢形成的菌席和双壳类生物，这就证实了冷泉仍在活动。2005年，中国科学院南海海洋研究所在九龙甲烷礁、西沙海槽天然气水合物异常区外又发现了明珠甲烷礁（陈忠等，2007）。

1）冷泉❶

冷泉广泛发育于活动及被动大陆边缘斜坡海底沉积界面之下，沿构造带和高渗透地层带呈线性群产出，也有围绕泥火山或盐底辟顶部集中分布，呈圆形或不规则状的冷泉群出现，在海底地形低凹处和峡谷转向处也有孤立冷泉产出。冷泉以水、碳氢化合物（天然气和石油）、H_2S、细粒沉积物为主要成分，流体温度与海水相近，并含有一定流速的、受压力梯度影响从沉积体中运移和排放出的流体。

根据冷泉喷溢速率的不同，可将冷泉分为喷发冷泉、快速冷泉和慢速冷泉，而冷泉碳酸盐岩主要由快速冷泉形成。喷发冷泉是由于海平面快速下降、强烈的构造活动、地震等引发的大陆坡崩塌，或海底沉积物中天然气水合物分解导致压力过高，在很短时间内大规模排放甲烷所致，此类冷泉在海底一般不形成冷泉沉积和冷泉生物群。快速冷泉常形成于泥火山或断层构造面，是富甲烷的流体，因携带大量的细粒沉积物使得海底表面具有麻坑、海底穹顶、泥底辟等地貌特征，海底常形成多种自生矿物沉积，冷泉生物群发育并具有繁盛、死亡多次演替特征。目前世界上发现的冷泉大部分是快速冷泉，具有资源意义和生物价值。慢速冷泉是浅表层的生物成因气以及缓慢来源于深部的热成因气在相对透水的粗粒沉积层运移形成的，是富油或气的流体，一般不形成排放口或特征冷泉地貌，冷泉生物不发育或零星发育，管状蠕虫、蛤类、贻贝类较少，易形成菌席结构。在空间上，这3类冷泉常过渡伴生，这一特点与海底高温流体相似。

导致冷泉形成的因素很多，主要包括：①全球气候变暖或变冷事件使极地冰盖消融或凝结，改变海水的体积，造成海底压力的变动和温度变化；②构造抬升或海平面下降使压力降低；③沉积物埋藏、海底沉积物滑动、运移及重新沉积；④与地震活动有关的压力快速变化、火山喷发、地温梯度升降；⑤海底底层水变暖或温盐环流变化，冬季变冷和夏季升温引起的海底环境变化。不同成因的甲烷通过输导系统聚合在温压条件有利的构造场所，形成天然气或天然气水合物。当稳定条件被破坏，即上述某种因素出现时，天然气或天然气水合物分解后释放的甲烷沿泥火山、构造面或沉积物裂隙向上运移和排放，即可在近海底形成甲烷冷泉。

全球冷泉分布广泛，从热带海域到两极地区、从浅海陆架到深海海沟均有分布，其中，现代（活动）冷泉分布在除南北极地区外的各大洋，多数分布在太平洋的活动俯冲带，主要沿美国阿拉斯加州、俄勒冈州、加利福尼亚州及中美洲国家和秘鲁、日本、新西兰的

---

❶ 本书特指以甲烷为主要成分的冷泉，目前多数学者均以此类冷泉为主要研究对象。

大陆边缘分布。根据采获的冷泉生物、冷泉沉积和冷泉自生矿物、海底摄像、ROV 调查、水体甲烷浓度等,初步推测我国近海也广泛分布众多冷泉,如台西南海域冷泉区、东沙群岛东北海域冷泉区、东沙群岛西南海域冷泉区、神狐海域冷泉区、西沙海槽冷泉区、南沙海槽冷泉区,以及冲绳海槽冷泉区。各冷泉区(点)的简要特征见表 4-2。

表 4-2 中国近海冷泉区(点)基本特征

冷泉区	自生矿物	其他特征	资料来源
台西南海域冷泉区	文石、高镁方解石、少量白云石、铁白云石、菱铁矿	结壳、气烟囱形式出现,结壳的裂隙或孔洞中常常充填有淡黄色—白色的文石晶体,可观察到正在喷发的冷泉,泥底辟、泥火山发育	据陆红锋等,2012
东沙群岛东北部海域冷泉区	文石、方解石,少量铁白云石、白云石、菱铁矿	发育面积巨大的冷泉碳酸盐岩,泥底辟发育	据黄永样等,2008
东沙群岛西南部海域冷泉区	铁白云石、菱铁矿,少量文石、方解石	发生了至少 3 次冷泉流体活动,形成了多期冷泉碳酸盐岩	据陈忠等,2007
神狐海域冷泉区	铁白云石、文石、方解石	主要为烟囱状,明显可见内、外两层分界线,显示不同生长期次,以有石英、长石为主的陆源碎屑	据陆红锋等,2010
西沙海槽冷泉区	文石、重晶石、方解石、硬石膏、石膏	硫酸盐—甲烷界面相对较浅	据吴能友等,2007
南沙海槽冷泉区	石膏、黄铁矿	海底甲烷浓度骤增	据陈忠等,2007
冲绳海槽冷泉区	尚未发现冷泉沉积和冷泉生物,仅识别出气柱,游离气含量高		据徐宁等,2006

此外,根据已发现的冷泉资料,海底冷泉的形成时间和深度变化可能集中在 3 个时期(图 4-7):①距今 150~100Ma,冷泉发育在 1000m 以浅海底;②距今 42~28Ma,冷泉出现在水深小于 2000m 的海底;③12Ma 以来为冷泉活动频繁期,冷泉形成于浅水海域至深水海底。

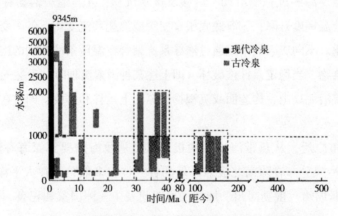

图 4-7 现代冷泉、古冷泉形成的时间和水深变化

然而，对海洋天然气水合物而言，科学家更希望通过对直接证据、间接证据等指标的分析并采用与多种技术相结合的方法，从地球物理、地球化学、沉积学、现代生物学的不同角度去识别和寻找现代(活动)冷泉，为天然气水合物的寻找和探查提供新线索和新区域。与冷泉有关的地质、构造、地球物理的主要特征见表4-3。但是，从该表中也可以看出，天然气水合物是否尚存受多方面因素共同耦合的影响，因此，对于天然气水合物的识别是需要从多个方面联合进行的。

表4-3 海底冷泉系统主要特征

特征		主要特点	流体通量
直接特征	天然气渗漏	肉眼可见从海底排溢出气泡，可通过旁侧扫描声呐或高分辨率地震系统侦测得到证据	大
	菌席	经常发育杆状、纤维状硫的氧化物	中
	麻坑	流体排放形成的浅海底凹陷	
	自生碳酸盐岩	甲烷冷泉环境下微生物活动形成	中
	生物礁	与浅层气或冷泉存在有关的似珊瑚的岩群	低
	泥火山	在正常沉积物表面由喷溢气体驱动形成的具有火山构造的泥质沉积	高
	泥底辟	气体上升形成的正向隆起的海底沉积	
	天然气水合物	由含气的塑性流体上升形成的正向隆起，位于海底以下	中
	上升形成的孔洞	由来自深部的流体形成的多孔状结构	低
间接特征	空白带	地震数据反映的大幅度负相带	
	声学噪声	指示气体存在的不规则地震反射结构，在地震剖面上具体表现为声浑浊、空白带、增强反射、亮点、速率下拉、多次波和气烟囱等	
	气孔	高气量的流体通过沉积物后形成的孔洞	
	构造	冷泉出露的悬崖	
	深水珊瑚礁	石化冷泉口，经常与碳酸盐岩丘共存	低—无
	海面油渍膜	SAR成像上相对周围无油膜的亮散射，油膜区为暗色	

2) 冷泉碳酸盐岩的形成

在渗漏系统下，由于构造变形或超压，地层流体将沿断层或底辟构造中应力梯度方向运移(张敏强等，2004)，同时，深部油气藏或储层游离态天然气以渗漏方式沿断层等通道向海底运移，这就形成了冷泉中的天然气有4种归宿：在天然气水合物稳定带内部分渗漏天然气以游离态气泡形式迁移，部分沉淀为天然气水合物，部分通过微生物活动转变为CO_2最终沉淀为冷泉碳酸盐岩，最后，剩余部分则喷溢进入上覆水体(图4-8)。其中，天然气水合物和冷泉碳酸盐岩是冷泉沉积的主要产物,由此不仅可以看出冷泉碳酸盐岩是冷泉渗漏的产物,也进一步说明了冷泉碳酸盐岩是指示天然气水合物可能存在的标志。本小节将详细介绍冷泉渗漏过程中碳酸盐岩的形成过程。

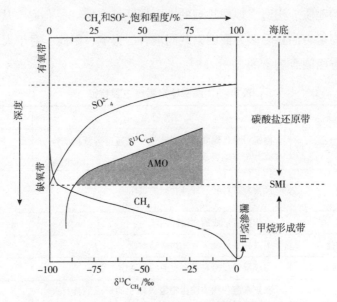

图 4-8　海底浅层沉积物地球化学分带(冯东等,2006)

在冷泉系统缺氧带环境中,当上升的甲烷气体与向下扩散的海水硫酸盐混合时,在硫酸盐—甲烷界面附近硫酸盐和甲烷含量急剧下降的一个很窄的带内(图 4-8 中的 AMO),将发生甲烷的缺氧氧化作用,即甲烷古细菌氧化渗漏的 CH_4,生成 CO_2 和 H_2;同时,硫酸盐还原细菌消耗海水中的 SO_4^{2-},和甲烷古细菌氧化 CH_4 所产生的 H_2,生成 HS^- 和 H_2O。这一生物化学过程表示为:

$$CH_4 + 2H_2O \longrightarrow CO_2 + 4H_2 (甲烷氧化古细菌的氧化作用)$$

$$SO_4^{2-} + 4H_2 + H^+ \longrightarrow HS^- + 4H_2O (硫酸盐还原细菌的还原作用)$$

综合起来,即:

$$CH_4 + SO_4^{2-} \longrightarrow HCO_3^- + HS^- + H_2O$$

同时,反应可引起 CO_3^{2-} 与 Ca^{2+}、Fe^{2+} 与 S^{2-}、Ba^{2+} 与 SO_4^{2-} 以及 Ca^{2+} 与 SO_4^{2-} 等达到过饱和,并且因微生物活动形成的过量孔隙水 DIC 使得环境碱度增加而有利于自生碳酸盐岩形成,多个因素共同作用最终沉淀出以镁方解石、文石及白云石为主的冷泉碳酸盐岩,同时伴生黄铁矿、菱铁矿、重晶石、石膏、自然硫等,这些自生矿物可以单独出现或几种同时出现在冷泉沉积环境中,不同的渗漏系统具有相似的生物化学过程。

目前,研究人员对于甲烷缺氧氧化作用的机理仍存在一定的争议。有些学者认为,甲烷缺氧氧化是一个反甲烷生成的过程,在此过程中起作用的是原核生物。一般认为甲烷缺氧氧化是由甲烷氧化古细菌和硫酸盐还原细菌互相进行的一个两步反应过程,首先甲烷氧化古细菌将甲烷转化为一未知的中间电子载体，然后硫酸盐还原细菌以硫酸盐为氧化剂还原这种电子载体。只有当以上两种反应同步进行时，甲烷氧化古细菌和硫酸盐还原细菌才能获得维持生命活动必需的能量来进行反甲烷生成作用过程。这个过程已通过实验室分离甲烷氧化古细菌和硫酸盐还原细菌，以及对与甲烷缺氧氧化生物化学过程的相关研究所证实。

这种特殊的生物化学作用使得冷泉碳酸盐岩在物质来源、形成环境、形成作用、最终的矿物组成、形态等方面与传统海水来源的碳酸盐岩建隆不同。同时，通过以上甲烷缺氧氧化作用可以看出，冷泉碳酸盐岩的形成同时受动力学和热力学的控制。研究人员在美国水合物脊水深775m处采集到沉积物岩心，应用数值模拟的方法，对冷泉碳酸盐岩的形成及其控制因素进行了研究，认为影响冷泉碳酸盐岩形成的因素主要为海底沉积物表面孔隙水中甲烷的浓度、生物扰动作用、流体流动速率、沉积速率、生物灌洗作用。同时，数值计算表明，孔隙水中溶解足够量的甲烷、冷泉渗漏强度（速率）适中、较小的生物扰动作用有利于冷泉碳酸盐岩的生成，而过高的沉积速率及流体流动速率则会抑制冷泉碳酸盐岩结壳的生成。

3) 现代冷泉碳酸盐岩的地质及地球化学特征

冷泉按其活动时间分为古冷泉和现代冷泉，古冷泉指地质历史时期就已不活动的冷泉，而现代冷泉指现今仍在活动的冷泉。通过对现代冷泉的深入研究，可以加深对古代冷泉的理解和认识，并恢复古冷泉的动力学特征。因此，现今多数学者的研究主要针对现代冷泉。

冷泉碳酸盐岩常以不规则的丘、结核、硬底、烟囱、胶结物和小脉等形式产出，其中丘的形式最为常见，常含大量底栖化石，化石种类与冷泉体系中的化能自养生物群相同；在沉积环境和相分析中可出现纵向和横向上的不连续，甚至反常现象，主要由化能自养生物碎屑和多期次的化学自生碳酸盐胶结物组成。冷泉碳酸盐岩矿物成分以微晶的碳酸盐岩为主，常见的有高镁方解石、白云石和文石，这与传统的碳酸盐岩基本相同，但是常以单一矿物为主。非碳酸盐岩矿物以草莓状黄铁矿为主，单个草莓状集合体通常由微米级的黄铁矿小球构成，同时，冷泉碳酸盐岩中的溶蚀面、黄铁矿富集边及其粗糙的表面均是这种黄铁矿溶蚀碳酸盐岩的产物。

冷泉碳酸盐岩中也存在一些特殊的沉积组构，如向下平底晶洞、向上平底晶洞、凝块、叠层石、草莓状黄铁矿、黄铁矿环带结核、溶蚀面等。向下平底晶洞组构可能是在先前存在的碳酸盐岩结壳之下，碳酸盐矿物向下结晶成的集合体；而向上平底晶洞组构则是碳酸盐岩矿物向上结晶集合形成的。凝块构造是由微晶碳酸盐岩矿物构成的不规则凝块，其间为结晶较好的方解石充填，可能与微生物新陈代谢沉淀碳酸盐岩过程中化学环境的小尺度变化有关。生成的叠层石与传统叠层石类似，但纹层是向下生长的，指示了能量来源

(渗漏的流体)的方向。有学者对碳酸盐岩的微观特征也有研究。杨克红等通过南海北部冷泉碳酸盐岩的扫描电镜观察到：①碳酸盐岩矿物的微形态多数和各种极端环境下的纳米细菌形态相似，而与活体甲烷氧化古细菌及硫酸盐还原细菌在大小和形态上差别较大；②矿物或其集合体多数有微生物结构，反映了在冷泉碳酸盐岩的沉淀过程中，甲烷氧化古细菌和硫酸盐还原细菌可能只提供了物质基础，而真正与沉淀作用密切相关的是微生物细菌——纳米细菌。通过对冷泉碳酸盐岩的层状结构分析认为，这些层状结构在不同程度上反映了其形成时的沉积条件，生物的活动情况和作用，冷泉流体的变化，矿物的变化特征，等等，是地质、物理、化学和生物等信息的反映，对于恢复其所形成时的古环境具有重要意义。

在碳氧同位素地球化学特征方面，冷泉碳酸盐岩因继承了其母源(冷泉流体)的碳同位素特征，故相对海水碳而言，$\delta^{13}C$ 常常是极低的负值，一般为 $-60‰ \sim -5‰$，这一特点正是区分正常海相碳酸盐岩与冷泉碳酸盐岩最重要的地球化学标志。同时，该值主要受碳来源和生物作用的控制，因此，可以通过碳同位素大致确定其中碳的来源。$\delta^{13}C$ 的这一特征在我国南海北部神狐海域、东沙群岛西南海域、台西南海域等地区均有发现(表4-4)。但是，冷泉碳酸盐岩的碳同位素值并不都具有比较大的负值，并且常显示异常正的 $\delta^{18}O$ (表4-4)，这可能与渗漏区天然气水合物分解产生的富集 ^{18}O 的孔隙水有关，其值大小主要与冷泉碳酸盐岩的流体来源和形成温度有关。对于古冷泉，由于明显缺少 ^{18}O 的大气降水与地质历史时期发育的冷泉碳酸盐岩间的同位素交换，使得冷泉碳酸盐岩原有的 $\delta^{18}O$ 异常发生改变，因而无法示踪天然气水合物分解产生的 $\delta^{18}O$ 异常。

表4-4 我国南海地区冷泉碳酸盐岩的碳氧同位素值

地区	$\delta^{13}C$	$\delta^{13}C$ 源	$\delta^{18}O$
神狐海域	$-47.65‰ \sim -29.61‰$PDB	生物甲烷成因碳源	$3.75‰ \sim 4.31‰$PDB
东沙群岛西南海域	$-36.07‰ \sim -18.23‰$PDB	热成因碳源	$0.42‰ \sim 2.98‰$PDB
台西南海域	$-56.88‰ \sim -32.83‰$PDB，且大多数小于 $-40‰$PDB	生物中烷成因碳源	$2.19‰ \sim 5.05‰$PDB，且大部分约为 $4‰$PDB

黄铁矿是天然气渗漏系统冷泉碳酸盐岩中最常见的非碳酸盐矿物，反应生成的黄铁矿继承了微生物活动形成的硫化氢的硫同位素特征，具有极负的 $\delta^{34}S$ 值，而不同种类的硫酸盐还原细菌的硫同位素分馏能力的差异很大，这就使得 $\delta^{34}S$ 变化范围大($-42‰ \sim 2‰$)。

冷泉碳酸盐岩的 Ce 异常可用来指示海底沉积的形成环境，不同沉积区域的样品或同一沉积区域样品，不同组成部分(如泥晶、微晶和亮晶等)的 Ce 异常特征能够反映氧化还原环境的时间和空间变化。控制冷泉碳酸盐岩复杂多变沉积环境的主要因素为冷泉流体的渗漏速率。通过对墨西哥湾的研究得知，在相对慢速渗漏的情况下，碳酸盐岩在海水/沉积物界面之下沉积，环境相对还原，显示 Ce 的负异常，形成的冷泉碳酸盐岩无孔隙且相对亏损^{13}C，生成温度和文石含量也相对较低；当渗漏速率较高时，碳酸盐岩在浅表层沉积物中甚至在海水/沉积物界面之上沉积，环境相对氧化，沉淀的碳酸盐岩多孔隙且相对富集^{13}C，文石含量和形成的温度也相对较高。

3. 化能自养生物群

前已述及，化能自养生物群与冷泉碳酸盐岩是共生的。在甲烷氧化菌和硫酸盐还原菌参与下，冷泉流体中的甲烷发生缺氧甲烷氧化反应，为化能自养生物提供了碳源和能量，维系着以化能自养细菌为食物链基础的冷泉生物群，并繁衍成冷泉生态系统，同时，通过反应沉淀出以碳酸盐岩为主的冷泉沉积。整个过程中，以冷泉为源形成冷泉碳酸盐岩的化学反应为自养生物群提供能量，供其繁殖生长，同时，繁殖出的新生物又对化学反应的进行起推动作用，两者是互惠互利的。气体一旦停止喷发，该生物群落将死亡，并在新喷口附近形成新的群落。这类生物对生存环境的变化异常敏感，只要受到干扰，如被浊流等掩埋或窒息死亡，则整个群落就会回到其初始状态，直至相同的地球化学条件重现。同时，冷泉生物群也能指示流体的流动方向和规模。

与天然气水合物有关的化能自养生物群落包括：菌席（橘黄色，生活在富氧水体与硫化物沉积物界面附近），深海双壳类（包括贻贝类和蛤类），蠕虫（管状蠕虫和冰蠕虫）。生物群落中生物密度大、数量多，而且相比于热泉生物群，该类生物的生长速率非常缓慢。

综上可知，冷泉碳酸盐岩是甲烷泄漏的标志，同时也是海底浅埋藏型天然气水合物形成的重要地质背景，如此就使得冷泉碳酸盐岩一直被视为指示现代海底可能存在天然气水合物的重要标志，同时也促使人们通过寻找和识别海底冷泉碳酸盐沉积为天然气水合物调查提供新线索。但是，冷泉碳酸盐岩结壳沉积所需的物理、化学和生物学条件非常苛刻，只有海底表层沉积物孔隙水中溶解一定数量的甲烷，环境具有较微弱的生物扰动作用及适度的流体流动速率和沉积速率，才能形成冷泉碳酸盐岩。因此，在研究冷泉碳酸盐岩对天然气水合物的指示时，还需结合多个因素进行综合分析。

第二节 天然气水合物矿藏的勘探方法

天然气水合物除了少部分分布在寒冷的永冻土带外，绝大多数分布在300~3000m水深的海底沉积物中，有些还分布在未固结的淤泥中，勘探开发都比较困难，技术难度较大。近十几年来，各国对天然气水合物的产出条件、分布规律、形成机理、环境效应、勘查技术、开发工艺、经济评价与环境保护等方面进行了大量研究，采用了地质、地球物理、地球化学方法和钻井勘探等方法，在世界各大洋和大陆内海中先后确定了七十余多处天然气水合物产地。目前，天然气水合物的常用勘探方法包括：地球物理地震法、地球物理测井法钻井取心技术、地球化学法、标志矿物法、地热学法等。目前，天然气水合物的勘探技术正朝着多样化方向发展，地球物理勘探和地球化学勘探技术日趋成熟，各种新的勘探技术也不断出现，对查明全球天然气水合物的分布和储量发挥着重要作用。

对多年冻土区天然气水合物矿藏的勘探除常规方法外，主要利用特殊标志（特殊构造和热异常）来查明两种烃类聚集地区——有重要战略意义的地区及适合目前开发的地区。

一、地球物理地震法

地震勘探是目前天然气水合物勘探中最常用的、也是最为重要的天然气水合物普查方法。地震方法的原理是利用不同地层中地震反射波速率的差异进行天然气水合物层的探测。由于声波在天然气水合物中的传播速率比较高，是一般海底沉积物的两倍（约 3.3~3.8km/s），故能够利用地震波反射资料检测到大面积分布的天然气水合物。

相对于通常的沉积物，纯天然气水合物具有较高的纵波速率，且密度较低，而且可以有效地黏结碎屑颗粒，降低沉积物孔隙度，改变了沉积物的地球物理性质，使含天然气水合物的沉积层具有低热导率、低导电率、低密度和地震波传播速率大等特点。此外天然气水合物稳定带下方可能存在的含游离气沉积物则具有较低的纵波速率与泊松比，因此，地震等地球物理方法在勘探天然气水合物时是比较有效的。

BSR 是海底地震反射剖面中存在的一种异常地震反射层，其位于海底之下几百米处的海洋沉积物中，且与海底地形近于平行。随着多道反射地震技术的普遍采用和地震数据处理技术的提高，BSR 现象在地震剖面上更为明显。BSR 一般呈现出高振幅、负极性、平行于海底和与海底沉积构造相交的特征，极易识别。另外，人们在研究中还发现，BSR 随水深的增加而增加，随地热梯度的变化而变化。自从 20 世纪 60 年代在地震剖面中观察到 BSR 以来，现已证实 BSR 代表海底沉积物中天然气水合物稳定带基底，BSR 以上天然气通常以固态天然气水合物的形式存在，BSR 以下天然气通常以游离气形式存在。由于利用 BSR 识别海底沉积物中的天然气水合物非常有效，因此，许多专家认为，凡是有 BSR 存在的地方，就一定有天然气水合物存在。但是，由于在冰胶结永冻层，地震波传播速率与在水合物层中相当，因而 BSR 技术不能用于勘探永久冻土区的天然气气水合物。

1. 在地震剖面上形成 BSR 的条件

含天然气水合物可靠层段在地震剖面上形成 BSR，必须满足以下基本条件：①基本符合天然气水合物赋存的水深条件；②在现有的地震反射波分辨率的基础上，只有当天然气水合物沉积层厚度大于 3m，且其下部游离气层厚度大于 5m 时才能形成 BSR；③有较强的 BSR 异常反射波；④BSR 异常反射波之上有空白带存在，其层速率相对较高；⑤BSR 异常反射波之下层速率较低；⑥BSR 异常反射波与海底反射波的极性相反。

2. BSR 的主要特征

BSR 在地震剖面上具有比较明显的特征（图4-9）——尽管海底沉积物的压力变化不大，但地温变化很大，海底的起伏变化将造成沉积物中等温面的起伏变化，因此 BSR 大致与海底地形平行。BSR 通常有以下特征：

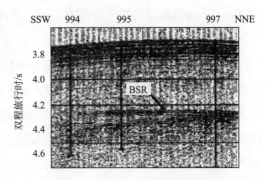

图4-9 BSR 在地震剖面上的显示

(1) BSR 一般与现代海底近于平行分布，并且多与层面反射相交，这说明 BSR 与地层的分层关系不大，主要受天然气水合物形成时的温压条件的控制。

(2) BSR 相对于海底反射来说具有高反射振幅和反转负极性，是声波阻抗显著降低的界面，这说明 BSR 是一种在低声速气体（以高衰减、强散射和弱反射为特征）与上覆高声速含天然气水合物沉积层接触带处形成的较强负阻抗反射层。BSR 以上的高速层，速率通常可达 1800~1900m/s，以下的低速层，速率一般为 1400~1500m/s。

(3) BSR 上方通常为弱地震反射带或空白带，从而在剖面上呈现一条"亮点"带，这是由于含天然气水合物沉积层的地震强度减弱，导致 BSR 上方的振幅明显降低而造成的。

(4) BSR 常分布于海底地形高地之下或陆坡上。

(5) BSR 规模不等，小的只有几平方千米，大的有数万平方千米。

一般来说，BSR 之上为天然气水合物稳定带，BSR 以下则可能存在游离气体。目前在秘鲁海槽、中美洲海槽、北加利福尼亚和俄勒冈滨外、我国南海海槽、南极大陆及贝加尔湖都发现了 BSR 的存在，同时通过深海钻探已证明这些具有 BSR 的地层确实存在天然气水合物。

然而值得注意的是，天然气水合物与 BSR 并不存在一一对应的关系，例如成岩变化也能产生类似 BSR 的现象。Hein 等在对白令海中的 Umnak 高原进行调查时发现，地震剖面上 A 型蛋白石转变成 CT 型蛋白石时也能形成异常强反射，由于成岩变化受温度影响，故该反射也与海底大致平行，与 BSR 十分相似。但该反射发育深度与计算出的天然气水合物稳定带深度不相符，故可以将二者区分开来。

3. 地震波异常特征

1) 速率异常

天然气水合物的声学性质与冰类似，纵波速率约为 3300m/s，密度约为 $0.91g/cm^3$；而孔隙中水的纵波速率约为 1500m/s，密度约为 $1.0g/cm^3$。对于一定的孔隙，天然气水合物的存在必然增加沉积层速率，因而含天然气水合物沉积物中的纵波速率要比含水沉积物的高，并且天然气水合物在孔隙中填充率越高，速率往往就越高。通常情况下，海洋中较浅沉积层的地震波速为 1600~1800m/s；如果天然气水合物存在，地震波速可达 1850~2500m/s；如果水合物层下有游离气层，则地震波速可以骤减为 200~500m/s。

2）振幅异常

振幅变化和天然气水合物在孔隙中填充率的关系很明显，天然气水合物填充率越高，振幅越弱。在含天然气水合物地层中，由于地震波速增大，使得它与下伏地层之间的反射系数增大，在地震剖面上会出现相应的强反射界面，而在其上方的含天然气水合物层由于沉积物孔隙被水合物填充，地层变得"均匀"，故在地震反射剖面上通常呈现弱振幅或振幅空白带。

二、地球物理测井法

地球物理测井法是根据地球物理资料来提取钻孔剖面中可能含有的天然气水合物带的物理特征，常用方法包括井径测井、中子伽马射线（即碳氧比能谱）测井、电阻率测井、自然电位测井、声波和中子孔隙度测井、密度测井等。早在 20 世纪六七十年代，科学家便通过地球物理测井法来预测北极大陆永久冻土区内油气田钻孔剖面中的天然气水合物富集带，目至，已成功将该类方法应用于极地和深海天然气水合物的勘探中。相比于周围沉积层，天然气水合物带的物理特征通常表现出声波速率、电阻率、孔径测定值增大及密度测井读数减少等特点（表4-5），因此，在众多测井曲线中，电阻率测井和声波速率测井特征曲线最有用，但这两种测井方法对天然气水合物含量不大的粉砂－黏土质沉积区分效果不明显。地球物理测井法与地震勘探法联用，将成为今后全球范围内天然气水合物资源勘探和评价的关键技术。

表 4-5　天然气水合物和饱和水沉积物物理性质对比（据 Kvenvolden，McDonald，Mathews，1985）

性质		天然气水合物	饱和水沉积物
声波速率	纵波速率/(km/s)	3.6	1.5~2.0
	传输时间/(s/ft)	84.7	
电阻率	视电阻率/(kΩ·m)	150	1~3
	真电阻率/(kΩ·m)	175	
	密度/(g/cm^3)	1.04~1.06	1.75
	孔隙度/%	50~60	70

地球物理测井法是在天然气水合物勘探中继地震反射法之后又一有效手段。Timothy S. Collett 在阿拉斯加普拉德霍湾和库帕勒克河 N. W. Eileen State-2 井确定天然气水合物存在的过程中，提出了利用测井方法在鉴定一个特殊层含天然气水合物的4个条件：①具有高的电阻率（大约是水电阻率的50倍以上）；②短的声波传播时间（约比水低131μs/m）；③在钻探过程中有明显的气体排放（气体的体积浓度为5%~10%）；④必须应用在有两口或多口

钻井区(仅在布井密度高的地区适用)。

地球物理测井法主要用于：①确定天然气水合物、含天然气水合物沉积物的分布深度；②估算孔隙度与甲烷饱和度；③利用井孔信息对地震及其他地球物理资料作校正。同时，测井资料也是研究井点附近天然气水合物主地层沉积环境及演化规律的有效手段。

1. 常规测井技术

由于天然气水合物对沉积物的胶结作用，使沉积物比较致密，渗透性差，孔隙度低，故其不仅在地震剖面上有明显的响应，在测井曲线上也有异常显示(图 4-10)。天然气水合物沉积层在测井曲线上常表现出下述异常现象：

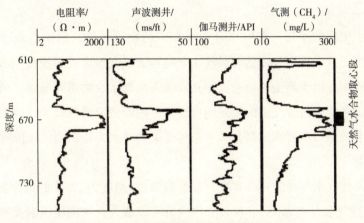

图 4-10 含天然气水合物层的测井特征

(1) 天然气水合物沉积层电阻率较高。由于含天然气水合物层的岩石孔隙和裂隙均被冰状的水合物所占据，岩石致密，渗透性差，因而电阻率高。

(2) 天然气水合物沉积层声波时差小。由于水合物层的岩石致密，孔隙度低，声波在这样的地层中传播速率快，故而声波时差比同时代同埋深的沉积层要小；

(3) 天然气水合物沉积层自然电位的异常幅度不大。因为自然电位是离子在岩石中扩散吸附而产生的，由于天然气水合物填充了岩石的孔隙和裂隙，降低了离子扩散和渗滤强度，因此自然电位的异常幅度不大。

(4) 天然气水合物沉积层中子测井曲线值较高。因为天然气水合物层的孔隙度较低，而且含氧量比油水层也低得多，所以中子测井曲线值就较高。

(5) 天然气水合物沉积层中子伽马射线强度高。因为天然气水合物层的含氢量比油水层低得多，而且岩性也比较致密，造成了中子伽马计数率增高，射线强度因而较高。

(6) 天然气水合物沉积层井径大。因为钻井改变了天然气水合物层的温压条件，造成天然气水合物分解，进而引发井壁垮塌，造成井径扩大。

(7) 钻井过程中有明显的气体排放现象。

国外学者根据常规的测井理论，结合天然气水合物的特点，初步建立了混合的三分量的天然气水合物储集层模型,包括了岩石骨架(石英、方解石和黏土)、水(黏土束缚水和自由水)和天然气水合物,以及对应密度测井、中子测井计算孔隙度的响应方程,并对中子测井响应进行了复杂的计算机模拟。在假设井眼条件好的情况下,应用密度、中子测井对泥质和天然气水合物进行适当的校正,可以获得比较准确的天然气水合物储层孔隙度;但对差井眼条件下如何准确计算孔隙度的问题研究较少。在饱和度计算方面,主要研究了电阻率测井和碳氧比测井,但伽马射线测井受井眼条件的影响十分严重,应用标准阿尔奇公式和快速直观阿尔奇方法可以进行天然气水合物饱和度的计算。此外,在应用声波测井计算饱和度方面,目前也取得了一些成果。

2. 特殊测井技术

在永冻层中出现的冰与天然气水合物有相似的物理性质,因而表现出相似的测井特征,使得应用测井技术识别和评估天然气水合物和天然气水合物带变得复杂化。此外,在钻井和测井过程中,由于热侵入会造成井孔周围天然气水合物迅速分解,可能导致含天然气水合物层的测井响应与含气层的测井响应相似,因而使定量估计天然气水合物变得更加复杂。这便要求采用一些特殊的测井技术来提高天然气水合物识别、评价质量。

1) 介电测井

由于冰和天然气水合物的介电常数有显著差异(在温度为273K的条件下,冰的介电常数是94,而天然气水合物为58),所以介电测井可能成为在永冻层识别天然气水合物的一种可行方法。

2) 钻井同时记录技术

将传感器置于钻头上方,这样,在钻头切穿地层后的数分钟内就可以测得孔隙度、电阻率、自然伽马和其他测井参数。钻井同时记录技术与传统测井方法相比主要优点为:①在不稳定的海洋钻孔中可得到高品质的数据;②在整个钻井过程中都可以测得数据,尤其是临近洋底的重要浅层层段,这段数据用传统测井方法无法得到;③几乎在钻井同时测量,孔隙度和渗透率没有发生明显改变,不会失真;④可得到随深度连续变化的数据,用来校正由于不能100%进行岩心恢复造成的采样偏差。

3) 地层微电阻率扫描技术

采用地层微电阻率扫描技术可以得到井壁高分辨率的电阻率特征图像,从而得出岩层中反映天然气水合物性质和结构的信息。对于井壁上垂向和侧向的细微变化,地层微电阻率扫描技术都能反映出来,因而可以探测到非常细微的地质异常特征(如宽度只有几微米到几十个微米的裂缝)。基于这一特点,可以用地层微电阻率扫描技术来进行详细的沉积和构造解释。

4) 核磁共振测井

核磁共振测井装置可以提供与岩性无关的孔隙度测量,并估计渗透率,这些数据可以改善测定天然气水合物饱和度的定量技术。而且，核磁共振测井数据可以在识别天然气水合物中是否存在液态水方面起重要作用。另外，核磁共振测井在天然气水合物性质调查方面也有着重要的作用。

三、钻井取心技术

钻探技术和海洋深水取样技术的提高，给人们提供了直接对天然气水合物进行研究的机会。同时，钻孔取心资料也是证明地下天然气水合物存在的最直观、最直接的方法之一，目前，人们已在许多地方（如布莱克海岭、中美洲海沟、秘鲁大陆边缘、里海等）获得了含天然气水合物的岩心。

在分析测试时，一般取一定量的样品（100~200g）放入无污染的密封金属罐中，再在罐中注入足够的水，并保留一定的空间（100cm³）存放罐顶气。通过对罐顶气、样品经机械混合后释放的气体及样品经酸抽提后释放的气体中甲烷至正丁烷的组分进行气相色谱分析，以及对罐顶气进行甲烷 $\delta^{13}C$ 和 δD 分析，不但可以推测天然气水合物的类型，还可以确定天然气水合物的气体成因。

由于天然气水合物特殊的物理性质，当钻取的岩心提升到常温常压的地面（海面）时，其中含有的天然气水合物会全部或大部分分解。为了能获取保持在原始压力条件下的沉积物岩心，科学家们开始研制保压取心技术。1995年，在ODP第164航次中首次进行了保压取心器取样的尝试，并取得了部分成功。1997年开始的欧盟海洋科学和技术计划研制了新一代的天然气水合物保压取心器，它的性能与以前相比有较大提高，与其他相关设备一起构成了一个完整的天然气水合物保压取心器系统。除此之外，其他常见钻孔取样仪器还有活塞式岩心取样器、恒温岩心取样器、恒压岩心取样器等。

四、地球化学法

由于天然气水合物极易因温度和压力的变化而分解，故海底浅部沉积物中常形成天然气地球化学异常。这些异常不仅可以指示天然气水合物存在的可能位置，还可以通过其烃类组分比值及碳同位素成分判断天然气水合物的成因。同时，应用海上甲烷现场探测技术，可以圈定甲烷高浓度区，从而确定天然气水合物的远景分布。

在目前技术条件下，利用地球化学方法勘探天然气水合物的主要标志包括：含天然气水合物沉积中孔隙水氯度或盐度的降低，水的氧化-还原电位，硫酸盐含量降低，以及氧同位素的变化，等等。1981年，Hesse首次发现含天然气水合物孔隙水样品中含氯量随深度增大而减小，自此，氯度降低开始作为指示天然气水合物存在的标志。随后，ODP第112航次，DSDP第76、第84航次在天然气水合物富集区域均采集到了含氯量远远低于海水平均含氯量的样品。而在钻孔岩心沉积物中测得的孔隙水盐度降低这一标志并非天然气水合物存在的充分条件。孔隙水的淡化可能是由于天然气水合物分解所引起的,亦可能与天然气水合物分解毫无关系,甚至在某些情况下,天然气水合物的形成可使共生水的盐度升高。因此,在分析地球化学数据时应根据具体情况区别对待、综合考虑。

1. 有机化学法

有机化学法主要用于分析天然气水合物中烃类气体含量和物质组成,确定 C_1 含量与 C_1、C_2 总含量的比值。其中,前两者有助于大致确定天然气水合物的晶体结构和气体成因,后者则是天然气水合物成藏气体来源的重要标志之一。

2. 流体地球化学法

流体地球化学法主要用于研究海底底层水和沉积物孔隙水中的甲烷浓度和盐度异常,因为天然气水合物的笼状结构不允许离子进入,它的形成将使周围的海水盐度增高,反之,其分解将会使周围的孔隙水变淡,盐度降低。这两种情况都可以导致水的化学性质异常,可以通过该异常值的变化来判定天然气水合物的存在。

3. 稳定同位素化学法

稳定同位素化学法是研究天然气水合物成藏气体来源的最有效手段。通常可运用天然气水合物中甲烷气体的 ^{13}C 值、D 值和硫化氢的 ^{34}S 值来判定其成藏原因。Kastner 等又提出用天然气水合物样品孔隙水中溶解 Sr 的浓度和 $^{87}Sr/^{86}Sr$ 含量比来确定成藏流体的来源,以沉积物控制水中溶解非有机碳酸盐的 C 值作为甲烷气体运移至海底硫酸盐还原带的证据。此外,在天然气水合物形成时,$H_2^{18}O$ 和 $H_2^{16}O$ 发生分馏,使 ^{18}O 和 ^{16}O 含量比增高至与冰相同,可形成水的同位素异常。目前,随着研究的深入,不断发现新的天然气水合物地球化学标志,如水中氖的富集,天然气中 He 的增高等,这些都可能在天然气水合物的地球化学勘探中具有良好的应用前景。

4. 酸解烃法

卢振权等选择西沙海槽天然气水合物潜在富集区作为已知区,利用陆上油气地球化学勘查方法(酸解烃法、热释烃法、蚀变碳酸盐法)开展了试验性研究,通过对海底浅层沉积物各项测试指标的分析,发现酸解烃法效果比较好。同时,他还对海底浅表层沉积物酸解烃法重新进行了释义,认为酸解烃法适用于海底天然气水合物的勘查。

5. 海洋沉积物热释光法

热释光与有机烃类含量成正相关,天然气水合物形成和分解产生的碳酸钙、硫酸钙及硫酸钡沉淀是很好的热释光晶体,且热释光不受有机污染的影响,灵敏度高,是很有前景的寻找天然气水合物的方法。

五、标志矿物法

能指示天然气水合物存在的矿物,通常是某些具有特定组成和形态的碳酸盐、硫酸盐和硫化物，它们是成藏流体在沉积作用、成岩作用及后生作用过程中与海水、孔隙水、沉积物相互作用所形成的一系列标型矿物。例如，天然气水合物分解以后，碳酸盐会发生沉淀，此时，这种碳酸盐就具有一种特殊的同位素地球化学特征，据此可判断天然气水合物的存在。同时，根据岩石中某些特征化石集合体，如Calyptogena属的软体动物的出现，也有利于帮助判断天然气水合物的存在。

天然气水合物找矿标志——海底冷泉，是海底之下的流体以喷溢或渗流的形式进入海底附近时，产生的一系列物理、化学和生物作用形成的。当这些含有饱和气体的流体从深部向上运移到海底浅部时，会快速冷却形成天然气水合物。在世界上已发现的天然气水合物赋存区域中，曾在11个地区观察到浅层海底天然气水合物与流体相伴生，而自生碳酸盐矿物和化能自养生物群落的出现也是天然气水合物喷溢（渗流）口的普遍特征，是寻找天然气水合物最有效的标志之一。

自生碳酸盐矿物常在天然气水合物喷溢（渗流）口产出，在这些位置常有富甲烷冷流或重碳酸盐过饱和冷流从海底排溢，这种现象在主动大陆边缘尤为明显。"冷泉"碳酸盐岩的产状有丘、结核、硬板、烟囱、胶结物、小脉等，以丘最为常见。这种碳酸盐岩丘主要由化学自养生物碎屑和多期次的化学自生碳酸盐胶结物组成，其物源主要来自海底冷泉流体系统，通过化学和生物化学沉积作用形成。在物质来源、形成环境、形成作用等方面与传统海水来源的碳酸盐岩隆不同。因此，在术语上通常用化学丘与表示传统海水来源的碳酸盐岩隆术语生物丘、岩丘、假生物丘、生物层等相区别。一般认为，具有甲烷来源碳的自生碳酸盐岩的碳同位素组成特征表现为明显亏损^{13}C，这与缺氧甲烷的氧化作用有关。

化能自养生物群是一种独特的深海黑暗生物群，分布在水深350～6000m的海底透光带下黑暗环境中，仅见于活动的天然气水合物喷溢（渗流）口周围，表现出生态地带性分布，且随"冷泉"的消失而消亡。在深海海底不仅没有阳光，而且没有足够的食物，生物密度通常很低。但是在喷溢（渗流）口附近，由于有富含能量的流体喷溢或渗流出来，发育了一种特殊的以溢出的天然气为源的生物化学合成的生物组合，主要有双壳类、腹足类、掘足类、海绵生物、贝壳类、蠕虫类、细菌席等，其中，双壳类、蠕虫类和细菌席最为常见，这些生物密度非常高，比周围地区高10000～100000倍。

20世纪90年代以来，自生碳酸盐矿物在北美西部俄勒冈滨外、印度西部大陆边缘和地中海的United Nations海底高原等区域海底沉积物中相继被发现，从而使人们将天然气水合物的分布与自生碳酸盐矿物的形成联系起来，并将该自生矿物产出作为天然气水合物的形成标志。

六、地热学法

随着自然界中天然气水合物的不断发现及相关研究的深入，地热学法也越来越多地发挥着作用。对天然气水合物的地热学研究，不仅为地热学提供了新的发展空间，同时也丰富、促进了天然气水合物的研究。温度、压力是天然气水合物形成、稳定与分解的重要影响因素，因此地热学法可以作为研究天然气水合物的重要手段。利用BSR资料估算地温梯度，进而求出热流值并与实测热流值进行对比分析，是天然气水合物地热学研究的主要方向。天然气水合物的地热学研究主要体现在以下几个方面。

1. 天然气水合物稳定带的研究

BSR的位置与天然气水合物稳定带的底界位置一致，因此，在缺少地震剖面或其质量不好的情况下，可以利用热流、温度等资料来求出天然气水合物稳定带的底界，借此预测出海底反射层的大致位置。

2. 天然气水合物形成、演化过程中热状态的研究

天然气水合物分解时伴随着吸热，在沉积物中形成时伴随着放热。因此，在天然气水合物矿藏的上方，应当出现正地热异常；而在被破坏的天然气水合物矿藏上方，应当出现地热负异常。在天然气水合物形成之后的地质历史过程中，海平面的高度、海底温度及全球性的气候变化都会对天然气水合物的稳定性产生影响，而天然气水合物的快速分解和形成会使热流产生异常。因此，研究热流的演变过程，结合对沉积速率的研究，有助于了解天然气水合物的演化过程。

3. 含天然气水合物沉积物热导率的测试与研究

了解天然气水合物和含天然气水合物的沉积层的热导率对于研究与天然气水合物相关的问题(如天然气水合物形成/分解的热模拟过程，以及利用BSR计算热流)是很重要的。另一方面，可以利用热导率测试来预测沉积物中天然气水合物的分布。天然气水合物聚集带附近的沉积物热导率会发生很大的变化。另外，通过研究热导率，建立热导率与纵波速率的关系，可以确定更接近实际的速率剖面。

地壳的热状态决定着许多动力学和物理、化学过程的发育。然而，这些过程本身常常与吸热和放热有关，并以这种方式影响温度和热流的分布，从而造成物质及其物理性质的变化。伴随有放热(吸热)的天然气水合物形成(分解)就是这许多过程中的一种。

控制天然气水合物形成和稳定性的决定性因素是温度。在海洋的沉积层里，通常不能进行直接的温度测量，为了测量其温度，就要利用对海底之下沉积层热流值的测量结果。但是在实际条件下，影响沉积层热状态的因素很多(如大地构造、地壳构造、堆积速率、沉积物厚度等)，在研究地热环境时，必须十分注意这些因素。因此，要对每一个具体区域进行仔细的地热观测，且全面分析其地质、地球物理特征。

七、海底可视技术

海底可视技术是一种可以直观地对海底地形地貌、表层沉积物类型、生物群落等进行

实时观察的调查手段。目前可用于海底可视观察的设备主要有海底摄像系统、电视抓斗、深拖系统、无人遥控潜水器等。这4种调查设备各有所长，除海底摄像系统外，其他3种都是多种技术的集成，它们有一个共同点，即都具有海底可视观察的功能。

1. 海底摄像

海底摄像是一种极为重要的海底直观观测手段，是天然气水合物调查中所有可视技术中必不可少的基础技术。例如我国应用的"深海彩色数字摄像系统"，该系统作业深限6000m，连续工作可达2h，主要由水下单元、传输单元、监控单元、定位数据采集单元和图像叠加处理系统组成。

2. 电视抓斗

电视抓斗是由海底摄像连续观察仪器与抓斗取样器共同组成的可视抓斗取样器，是一种最有效的地质取样器。其突出特点是既可以直接进行海底观察和记录，又可以在甲板遥控下针对目标进行准确的取样。GHTVG-01型电视抓斗是我国自行研制的第一代海底可视取样器。该电视抓斗的基本配置包括采样斗铲、液压源及液压控制系统、供电系统、视像监视系统和甲板遥控系统，是可视和抓斗的有机整体，能通过甲板遥控取样，取样次数不受限制。该电视抓斗抓样面积为$1.5m^2$，单次取样数量可达800kg以上，最大工作水深可达4000m。

3. 深拖系统

深拖系统目前主要应用于洋底多金属矿产调查。该系统具有旁侧声呐、浅层剖面、深海电视和深海照相4种功能，可用于微地形地貌测量、沉积剖面测量及对海底目标进行实时录像和拍照。其中，海底照相-海底电视系统主要包括深海摄像机、摄像灯、照相机、闪光灯和装有电子设备的压力筒等设备。这些设备装在一个开放式的铝合金框架内，通过控制船上电子设备对海底地形情况进行实时录像及拍照，并将相应点的高度、深度、位置等有关信息记录在硬盘上。

4. 无人遥控潜水器

无人遥控潜水器是由水面母船上的工作人员通过连接潜水器的脐带提供动力，操纵或控制潜水器，通过水下电视、声呐等专用设备进行观察，还能通过机械手进行水下作业。以无人遥控潜水器为工作平台的拖曳探测技术发展很快，是当今国际海底勘探中的高新技术代表。无人遥控潜水器工作平台具有海底照相、摄像和声呐探测功能，还装有电磁、热、核技术、地球化学等传感器。

我国南海北部陆坡赋存天然气水合物且资源远景非常乐观，科学家使用海底可视技术在这一区域相继发现了天然气水合物气体"冷泉"喷溢形成的自生碳酸盐岩和活动于天然气水合物冷喷溢口或渗流口周围的菌席、双壳类、管状蠕虫等化能自养生物群，尤其是中德联合调查过程中，使用海底可视技术圈定出南海北部陆坡由天然气水合物气体"冷泉"喷溢形成的巨型碳酸盐岩(面积达430km^2),被认为是世界上迄今为止发现的最大的自生碳酸盐岩区。

八、地质勘探法

在生储盖组合完整、油气藏埋藏较深的盆地中,天然气水合物矿藏最有利的成藏部位是盆地边缘有构造破坏且冻土层发育的部位。指示可能出现天然气水合物的地表标志有泥火山、形状类似环形山的洼地、特殊形状的植物枯死斑块等。研究表明,大洋底浅表层沉积物中天然气水合物的产出主要与下列地质作用或构造部位相关:①泥火山作用;②底辟构造;③断裂构造发育的埋藏背斜构造;④有海底流体喷出的区域。出现在海底或浅表层沉积物中的天然气水合物,是由微生物成因的甲烷气沿断层、节理或底辟构造向上运移形成的。它们的形成,以及底层海水的烃类气体含量异常,以及浅表层沉积物和孔隙水的一系列地质、地球化学特征异常。

九、地球观测信息技术

利用卫星热红外遥感技术对大陆、海面进行扫描监测,可以发现地球表面的温度异常,这种异常通常与烃类气体的存储和地震前地壳应力、温度的变化有关。在墨西哥湾发现的天然气水合物气藏在遥感图像上表现为沿同一方向3条线状分布的色调异常带,这些异常带经证实为固态天然气水合物"渗漏"在遥感图像上所留下的痕迹。因此,利用遥感图像来寻找天然气水合物矿藏是可行的。

第三节 天然气水合物资源评价技术

天然气水合物资源量的估算主要有两种方法:一是通过地质地球物理勘探和钻探,发现和取得天然气水合物层的有关参数,预测其分布并计算出资源量;二是通过取得的实际参数和模拟实验建立天然气水合物形成与分解的数学模型,用数值模拟方法研究其分布和资源量。

一、天然气水合物中甲烷量的计算

不同的研究者对海底天然气水合物甲烷量的测算结果可能存在差异,这主要是由于采用了不同的计算思路导致的。目前,比较常用的天然气水合物计算方法包括下述几个类型:

(1)认为天然气水合物在沉积层中的稳定带内是连续分布的,以此设定相关参数进行测算。

(2)根据天然气水合物稳定带的分布范围(面积)、厚度、体积,并着重根据天然气水合物所在沉积层的时代设定孔隙度,然后进行测算。

(3)以地震勘探数据为依据,再考虑相关参数的取值。

(4)认为天然气水合物是上升流体在稳定带内沉积形成的,且稳定带内含水合物的孔隙率在底部较高,向上逐步降至零(到海底),以此进行测算。

1. 计算方法

目前,使用较多的计算方法是容积法,即计算出满足天然气水合物存在条件(低温高压等)的沉积物的容积,再计算出其中所含的天然气水合物及甲烷量。甲烷量的表示法如下:

$$V = A \cdot \Delta Z \cdot \Phi \cdot H \cdot E \qquad (4-1)$$

式中,V 为天然气水合物中的甲烷量;A 为天然气水合物的分布面积;ΔZ 为天然气水合物稳定带的平均厚度;Φ 为沉积物的平均有效孔隙率;H 为天然气水合物的充填率;E 为天然气水合物的容积倍率(即水合物分解气体的膨胀系数)。

美国学者 Collett 研究认为,天然气水合物中的天然气含量主要取决于 5 个条件:①天然气水合物的分布面积;②储集层厚度;③孔隙度;④天然气水合指数;⑤天然气水合物饱和度。但是,天然气水合物饱和度是比较难以测定的参数,因此,目前只能依据测井和孔隙水地球化学分析资料来推断天然气水合物在沉积物中的饱和度。通过对世界各个海域的天然气含量进行计算,整个海底天然气水合物形成带中甲烷的潜在含量多达 $8.5 \times 10^{16} m^3$。

以地震勘探数据为依据的计算方法主要适用于局部海域海底天然气水合物资源量的区域测算。该方法的计算结果有较高的确定性,主要是可以利用的参数具有区域特征,有较多的直接观察作依据,同时还能考虑局部区域的地质构造背景、天然气水合物的成因类型及其物理化学行为和类比性,将点的测算外推到区域。

天然气水合物的另一个标志是已知水合物地区的反射剖面上观察到的 BSR 上的振幅降低或振幅空白。Shipley 等(1979)将 BSR 之上振幅的明显降低归因于天然气水合物的存在。Dillon 等(1991)也从真振幅地震剖面中观察到了振幅空白,并把此解释为天然气水合物地层作用。这些研究说明,振幅可作为天然气水合物胶结作用的标志。

美国地质调查所 M. W. Lee 等(1993)提出了可测量的地震反射剖面中声波特性评价海底沉积物中天然气水合物资源量的定量方法。该方法采用了波场的运动学(层速率)和动力学(地震振幅)理论,特别是在已知天然气水合物出现区所观察到的层速率的增加和反射振幅的降低,利用含天然气水合物沉积层的层速率及振幅变化测算沉积层孔隙充填天然气水合物的总量。M. W. Lee 等利用此方法,并借助 DSDP533 站位资料校准,分析了 DS-

DP533站位附近的一小块区域,结果表明,当使用标准的层速率时,天然气水合物的量是沉积物总体积的6%;当使用振幅资料时,天然气水合物则占9.5%,而这一结论与从DS-DP533站位测量所获得的唯一测算值(约占8%)相当。

美国地质调查所的肖勒等对白令海域内的阿留申海盆和鲍尔斯海盆海底天然气水合物资源量进行了计算,所采用的方法就是根据单个层速率振幅异常(VAMP)构造所反映的天然气水合物聚集体的体积及甲烷量,统计一定边缘海盆或其中的次级海盆范围内的天然气水合物的总资源量。据测算,阿留申及鲍尔斯海盆的天然气最少有 $32 \times 10^{12} \mathrm{m}^3$ [这种测算未将远离VAMP构造的甲烷(浸染分布的天然气水合物或BSR下部的游离气体)估算在内]。

2. 主要参数的确定

1)天然气水合物稳定带厚度(ΔZ)

天然气水合物稳定带厚度是甲烷量和资源量估算中最重要的参数。理论上计算天然气水合物的稳定带厚度主要考虑因素有:海底水温(T_w)、沉积物压力(p)、沉积物地温梯度(G)、沉积物孔隙水盐度、沉积物的气体成分和硫酸盐还原带深度。

2)天然气水合物的容积倍率(E)

天然气水合物的形成是一个非化学计量的气体与水之间的放热过程,可用下列反应式表示:

$$\mathrm{Gas(g)} + n\mathrm{H_2O(I)} \longrightarrow \mathrm{Hydrate(s)} + \Delta H$$

反应式中,n为水合指数(与每个气体分子结合的水分子数);ΔH为相关的熔变化。

在标准压力条件下,甲烷和水的体积比是164:1,相应的水合指数n为6左右。实际上,天然气水合物的笼形结构并不完全为甲烷分子所填满,不同的海域、不同的地质背景、不同的形成时间和不同的温压条件,都会对n值产生影响。

可以用拉曼光谱测定天然气水合物的水合指数,利用天然气水合物的结构,测定其大室与小室,并计算得出水合指数n。另外,可以用质量法测定水合指数,其原理相对简单,即在实验室内合成天然气水合物后,称取一定质量的天然气水合物,在标准压力下放置一段时间,使甲烷气体完全逸出,然后再称重,质量之差即甲烷气体的质量;通过水的质量及甲烷气体的质量即可得出天然气水合物水合指数n,从而可估计出天然气水合物容积倍率E。在实际操作中,如何快速地从反应容器中取天然气水合物并将其保存起来,确保其在称重之前不分解,是本方法的关键。另外,对于低温冷冻(小于10℃)下的天然气水合物在称重的过程中对空气中水分的吸附,以及天然气水合物在常压下放置过程中水分的蒸发,都要进行合理的校正,才能够获得较准确的实验数据。

3)天然气水合物的饱和度

天然气水合物赋存于海底多孔沉积物中,如何估算水合物在这些孔隙中的饱和度是天然气水合物储量估算的又一个关键问题。早期的研究人员曾认为，天然气水合物在适宜的温压条件下形成并充满沉积物的孔隙，由此可计算甲烷资源量。随着大洋钻探计划数据的发布，科学家们发现，天然气水合物的生成是一个十分复杂的过程，温压条件仅仅是一个必要条件，其他因素同样会影响天然气水合物的形成。

测井数据（如电阻率和声速等）是可以直接获取的，所以最先被用来估算天然气水合物饱和度。地震技术也是进行测算的有效方法，因为从地震波反转得到的声阻抗是假阻抗，所以一旦把地震数据反转成声阻抗并作测井校正后，就可以用于估算天然气水合物在沉积物孔隙中的饱和度。TDR技术可通过探测沉积物中游离水的量，来计算天然气水合物的饱和度。Coilett（1998）研究了用于开发的定量测井评价技术，以便计算含天然气水合物的沉积单元内的天然气水合物饱和度。采用的测井资料包括常规的电阻率测井曲线和声波时差曲线。利用电阻率测井资料，并运用阿尔奇公式，可以计算出天然气水合物聚集区内的天然气水合物饱和度和游离气饱和度。利用声波纵波测井资料，并结合相关的加权平均声波公式，可以计算出天然气水合物饱和度。

另外，Edwards等（1997）研究了海底瞬时电偶极—偶极系统，以提供电数据用于地震反射资料的补充。电数据由从发射偶极至接收偶极扩散的电干扰测得的时间来表示，传播时间与电阻率有关——电阻率越高，传播时间越短。视电阻率响应曲线可通过测量偶极间距函数的传播时间获得。

二、天然气水合物资源量计算

通常情况下，可以通过海底沉积层中甲烷热力学稳定带来计算可以形成天然气水合物的沉积层体积，从而进一步估算海底天然气水合物的资源量。这相当于常规天然气资源评价中的"圈闭体积法"，在气源条件没有确切落实的情况下，其结果可能很不准确。

天然气水合物气藏开发所计算的原始资源量（Q），理论上是天然气水合物分解生成的气体总量（Q_H）、游离气体总量（Q_G）及层间水中所含溶解气总量（Q_L）之和。

$$Q = Q_H + Q_G + Q_L \tag{4-2}$$

天然气水合物分解气体资源量（Q_H）为天然气水合物中甲烷量（V）与聚集系数（R）的乘积；最终可采资源量（G_H）为分解气体资源量（Q_H）与开发率（B）的乘积：

$$Q_H = V \times A = A \times \Delta Z \times R \times \Phi \times H \times E \tag{4-3}$$

$$G_H = Q_H \times B \tag{4-4}$$

在天然气稳定带（HSZ）内，剩余的游离气由于被认为是与层间水反应生成的天然气水合物，故可以假定一般不存在具有资源量的游离气。因此，游离气的资源量最好用常规气田埋藏量计算方法计算HSZ下圈闭的游离气的量来表示：

$$Q_G = A_G \times \Delta Z_G \times R_G \times \Phi_G \times p/p_0 \times T_0/T \times (1-W) \tag{4-5}$$

$$G_G = Q_G \times B_G \qquad (4-6)$$

式中，G_G 为游离气的最终回收资源量；A_G 为游离气的分布面积；ΔZ_G 为游离气的平均厚度；R_G 为游离气的聚集系数；Φ_G 为沉积物的平均孔隙率；p 为地层压力；p_0 为标准状态压力；T 为沉积物的绝对温度；T_0 为标准状态的绝对温度；W 为沉积物的水饱和率；B_G 为来自游离气的天然气回收率；$(A_G \times \Delta Z_G \times R_G)$ 表示天然气水合物层下含游离气的沉积物容积。

聚集系数是天然气资源评价中的重要参数。气源岩生成的天然气只有一小部分能够形成聚集，大部分分散于地层中，或者穿过封闭层而散失。海底天然气水合物与常规天然气藏的封闭机理有很大不同。常规天然气主要靠低渗透层物性封闭，幕式发生的断裂或微裂隙作用是盖层下方天然气散失的重要机制，而如果没有这种突变的作用，盖层下方天然气的聚集程度会很高。而天然气水合物是靠温度压力条件封闭的，天然气水合物层下方游离天然气析出天然气水合物的比例受一系列动力学过程的控制，包括下伏烃源岩供气的速率、游离天然气转变为天然气水合物的速率以及游离天然气穿过天然气水合物层而散失于海水中的速率。另外，某一地区温度压力的扰动可能引起天然气水合物量的巨大变化。总之，天然气水合物聚集的过程比常规天然气更加不确定，因此，其聚集系数更加难以预测。由于天然气水合物上方往往存在海底油气苗，故推测海底气源岩生成的天然气聚集为天然气水合物的聚集系数不会太高。据估计，该值一般不会超过1%（我国沉积盆地中常规天然气的聚集系数一般为0.1%~1%）。

假定海底形成5m的含天然气水合物沉积层，该层沉积物的孔隙度为40%，天然气水合物占据5%的孔隙，1体积的天然气水合物可释放出160体积的甲烷（常温常压条件），游离气转变为天然气水合物的聚集率为1%；天然气水合物层的甲烷均由垂向运移而来，则其下伏气源岩的生气强度应当达到 $16 \times 10^8 m^3/km^2$ 时，基本已相当于我国沉积盆地形成常规大中型天然气田的生气强度。如果达不到这一生气强度，则形成的天然气水合物层可能很薄，或者沉积物孔隙中天然气水合物的充满程度很低。再取气源岩有机质在微生物气阶段的降解率5%（100mLCH$_4$/g 有机碳），密度为2300kg/m^3，则对于500m厚气源岩而言，有机碳含量需要大于1.5%才能够形成上述厚度和充满程度的天然气水合物层。这说明大量天然气水合物的存在对气源岩的要求是很高的。从将来开发的角度考虑，如果存在具有工艺价值的天然气水合物层，则其下方极有可能存在优质烃源岩。

第五章　天然气水合物的钻探及取样

第一节　天然气水合物钻探概况

一、天然气水合物钻探的目的

天然气水合物钻探是在地球物理、地质、地球化学勘查的基础上进行的，在钻探过程中又必须与地质、物探、化探、岩矿测试等各种方法相互配合，只有这样，才能更有效地完成天然气水合物的钻探任务。

通过钻探，在海床下采取水样（孔隙水）、气样（游离气），经过分析，测定与天然气水合物存在相关的气体，如氧气、氩气、氦气、二氧化碳、氢气、甲烷及重烃类气体，根据测定结果及地质背景分析，进行海底天然气水合物远景评价。通过测量甲烷富集程度，查明天然气水合物活动排泄源，结合地震相分析划分沉积构造区，并为海底天然气水合物分布及其稳定状态评价提供依据。

通过钻探，采集天然气水合物矿样，结合测井及井中物探工作，取得地下真实可靠的信息及实物资料，验证物探、化探异常，确定矿床储集层位置、埋深、厚度、走向、形状，经过样品分析，确定其气体成分及含量，将其作为矿床评价的重要依据。钻孔又是采集天然气水合物、将其从地下运送至地面的通道。通过钻探，测量地层压力、气体压力、井温、井径、岩石机械物理性能（包括盖层的厚度和稳定性），便于及早采取措施，避免在钻进及开发时出现井塌及海底沉降事故。

二、天然气水合物钻探与传统钻探的区别

1. 天然气水合物储层的基本特征

天然气水合物的物理特性、分布和成藏环境、产状方面的特点是决定天然气水合物钻井技术的关键。

1）物理特性

天然气水合物分解后释放大量的气体，根据天然气水合物填充率的不同，其体积会膨胀 120~170 倍。天然气水合物的平衡条件随气体和水溶液成分而改变。天然气水合物的

分解为吸热反应，分解产生的气体和水容易再结合生成水合物。

2）赋存环境

在冻土地区，天然气水合物储层通常赋存在地表下100～1000m的深处，地层破坏压力大；与海洋水合物赋存环境相比，温度较低，压力较低；有时水合物储层下存在游离气层。

在海洋中，天然气水合物储层通常赋存于海底以下1～1500m的松散沉积层中；水深越大，储层的厚度往往越大；地层破坏压力较小；有时水合物储层下存在游离气层，尤其BSR鲜明时，可能性更大。

2. 天然气水合物井与传统海洋油气井的区别

天然气水合物的物理特性、分布和成藏环境的特点，决定了天然气水合物井与常规石油天然气井有所区别。

1）天然气水合物井在海底的钻进深度较浅

根据天然气水合物稳定的条件，假定地温梯度为4℃/100m时，水深1000m时天然气水合物的埋藏下限为280m；水深4000m时，其埋藏下限为570m。

2）天然气水合物井的井内温度控制非常重要

天然气水合物在高温下会分解，因此，为安全地进行分解抑制钻进，必需进行井内温度控制。对于极地永冻土中的天然气水合物井，在钻进时，一方面要考虑钻井液性能和温度应保证天然气水合物的分解抑制钻进；另一方面，还应考虑在孔内地层环境温度极低的情况下循环介质的选择，如在低温条件下，冷却空气和泡沫的流动特性比水基钻井液好得多。

3. 天然气水合物井在钻进过程中的主要问题

在天然气水合物层钻进时，储集层井壁和井底附近的地层应力释放，地层压力降低；同时，钻头切削岩石、井底钻具与井壁及岩石摩擦会产生大量的热能，从而使井孔内温度升高，导致天然气水合物的分解。钻进过程天然气水合物的分解会对钻井、钻进质量、设备等造成严重危害：

(1) 很难采集到高保真的天然气水合物岩样或岩样采集率很低，造成储层特征的错误判断。

(2) 气体进入钻井液后，与钻井液一起循环，导致井底静水压力降低，加速天然气水合物分解，从而形成恶性循环。最终导致井底天然气水合物的大量分解，井径严重扩大、井喷、井塌、套管变形和地面沉降等事故。

(3) 在深海和温度很低的冻土区钻井时，井身内一定位置或地面管路中具有气体重新生成天然气水合物的温度和压力条件，钻井液中天然气水合物一旦形成则会堵塞钻井液循环(类似油气输送管道中的天然气水合物堵塞)或钻井系统其他管路的堵塞，导致一系列井内恶性事故；由于形成天然气水合物所需水来自钻井液本身，钻井液失水会影响其流动性，其固相会沉析，导致井身中钻井液减少。

因此，能否控制钻进过程中天然气水合物分解，关系到取心质量、试验性和商业性钻井开发的过程、钻井作业能否顺利实施和钻井污染等关键性问题。其根本在于对钻进过程中井内温度、压力的掌握和控制，以及提取岩心的速率和岩心存储。同时，不同地层的井内温度、压力特征和规律也是钻探高保真取样系统、钻井开发设备、整体钻井技术系统和开发技术系统等设计和实施的依据。

第二节 天然气水合物钻探技术

目前，对于天然气水合物层的钻探，根据永冻土及天然气水合物的物性和钻探经验，主要有两种方法，即分解抑制法和分解容许法。

（1）分解抑制法。分解抑制法是通过提高钻井液密度、增大井内压力、冷却钻井液，将相平衡状态维持在天然气水合物的分解抑制状态的钻井方法。在永冻土中钻进一般都采用这种方法。

为确保安全、有效而可靠地进行天然气水合物层钻井，许多技术人员、研究人员根据钻进永冻土下天然气水合物层的经验，对分解抑制法提出了有关钻井方法的指导原则。该指导原则虽然是依据陆地钻井提出的，但对海洋天然气水合物的钻探也有一定指导作用，主要内容如下：

①开钻前，根据地震勘探资料、天然气水合物平衡曲线及压力梯度、地温梯度，推定天然气水合物储存深度，并尽量通过附近已有钻井资料，获得其相关天然气水合物的信息。

②钻进中，经常监视钻头进尺，返出钻井液中的气体含量，钻屑状态，等等，并采用MWD、LWD等实时测量技术，尽早检测到天然气水合物的存在。

③用适当的钻进导热模型与天然气水合物分解模型组合的钻进模拟模型，推断钻进时天然气水合物的动态，并反映到钻进计划中。

④检测到天然气水合物时，立即根据钻井模拟模型（由钻井导热模型与天然气水合物分解模型组合而成）适当调整钻井液密度、钻井液温度、钻井液循环量和钻头进尺等钻进参数，在控制气体流入量的同时，采取假定下部有游离气的井喷控制技术体系钻进。

（2）分解容许法。分解容许法的实质是使用低密度未冷却的钻井液诱发天然气水合物分解，分解是被控制的，并使钻井液中所含气体排放到地面上有充分容量的设备中。分解的气体通过钻机上的回流器和大容量低压气体分离器安全地处理。钻头进尺受气体处理器的制约。在起下钻、电测井、下套管固井作业时，为使天然气水合物停止溶解，需事先向井内注入重钻井液。然而，该方法尽管在理论上可行，但实际生产中却可能存在问题，因此，目前仅有研究人员采用这种方法进行了试验性钻井。

第六章 天然气水合物开发技术实验研究

第一节 多孔介质中天然气水合物实验系统概况

开发实验模拟是天然气水合物勘探开发的一项基础研究。美、日、印、加等国的天然气水合物研究发展计划中，都明确地提出了实验模拟的研究目标和任务。通过模拟实验，可以减少投资风险，直接指导勘探开发。随着加工、测试新技术的发展和应用，天然气水合物实验系统也在不断完善，设备的可视化、精确化程度不断提高，从而大大提高了实验成果的指导意义。天然气水合物低温高压实验系统的总体特点为：

(1) 可视化程度高，可直接观察高压装置内的相变情况；

(2) 测试精度高，可清楚地辨认天然气水合物生成/分解的压力和温度条件；

(3) 检测手段多，运用光、声、电多种检测方法探测天然气水合物的生成和分解。

天然气水合物低温高压模拟实验设备一般由高压系统、冷却系统和测试系统组成，可根据研究需要进行加工组合。高压系统由高压容器、配气瓶和加压设备组成；冷却系统由防冻液、冷冻机和温度控制器组成；测试系统是实验室的关键，主要由压力、温度、光学、声学、电学检测和摄像部分组成。目前，我国有多家天然气水合物实验室进行各自不同领域的实验研究，但是无论是实验装置还是实验思路，完全为天然气水合物勘探开发服务的专业模拟实验系统还不多。

第二节 多孔介质中天然气水合物的基础性质

一、多孔介质中天然气水合物的生成/分解动力学

1. 多孔介质中天然气水合物生成动力学

在实验室内，利用多孔介质体系和特定的温压条件来模拟海底沉积环境，以此来研究

天然气水合物生成/分解的动力学特性，这可以为天然气水合物的勘探开发奠定良好的理论基础，具有重要的现实意义。

与纯水合物相比，有关多孔介质中天然气水合物的研究较少，且多集中在相平衡方面。Makogon 指出，与纯气液体系相比，天然气水合物在多孔介质中生成需要更低的温度或者更高的压力。Yousif 和 Bondarev 在岩心及多种土介质上对天然气水合物生成及分解的研究中也得到了类似的结论。Melnikov 等研究了表面作用和毛细作用对天然气水合物相平衡条件的影响，提出了相应的相平衡数学模型。Turner 等详细研究了半径为 7nm 的硅胶孔内甲烷和丙烷气体水合物的热力学性质，结果表明，天然气水合物—冰—气和天然气水合物—水—气两种体系中，二相平衡压力比纯天然气水合物提高了 20% ~ 100%。

2004 年，沈建东等对沉积层天然气水合物的生成动力学进行了实验研究，分析了天然气水合物生成速率的影响因素，并建立了相应的生成动力学模型。当天然气水合物稳定区的温压条件保持不变时，天然气水合物生成速率主要受以下几个因素的影响：天然气的生成速率，天然气分子在水中的扩散速率，天然气水合物的成核速率，以及天然气水合物的分解速率。其中，主导天然气水合物生成速率的关键为天然气的扩散过程。沈建东等建立了一个以扩散过程为主导的反应动力学模型，并对分形维数进行了修正，使之能够更准确地描述沉积层的几何构造，并得出了关键参数对天然气水合物生成过程影响情况的数值描述。由该动力学模型可以看出，游离天然气扩散进入天然气水合物稳定区是一个缓慢的过程，而天然气水合物的生成主要受扩散过程的影响，其速率也相当缓慢；当扩散距离增加时，反应速率呈指数下降，这说明扩散距离是影响天然气水合物生成的主要因素之一；当分形维数降低时，表示多孔介质的渗透性增强，反应速率增加，这表明扩散阻力的变化对天然气水合物的生成有影响。在该模型基础上，若确定了天然气水合物的生成时间、稳定区厚度等相关参数，便可以进一步预测确定区域的天然气水合物储量及分布，进而为远期的海底之下天然气水合物矿藏的开发提供理论支持。

Kono 等在多种不同粒径的多孔介质中进行了天然气水合物的生成和分解实验，并推导出动力学分解速率方程。在天然气水合物生成实验中，温度为 273.5K，压力为 6.8 ~ 13.6MPa，采用 4 种粒径在 100 ~ 5000pm 之间的人造沉积物。在这 4 种沉积物体系中分别测量反应器中压力的变化和天然气气体消耗的物质的量。控制速率常数的变量是初始压力 (P_i) 和初始温度 (t_i) 以及毛细管内侧的水的饱和系数 (ω_s) 和填充床的表面积与体积的比 (S/V)。天然气水合物生成速率可用以下方程表示：

$$\frac{dn_{甲烷}}{dt} = K_f n_{甲烷}^{n^*} \tag{6-1}$$

式中，$n_{甲烷}$ 为甲烷物质的量，mol；K_f 为生成速率常数，$\min^{-1}$；n^* 为天然气水合物生成过程中总的反应级数。

阎立军等对活性炭中天然气水合物的生成动力学进行了实验研究，在温度为 275.75 ~

279.95K和压力为5.6~9.6MPa的静置条件下,测定了14组甲烷—水体系在活性炭中的生成动力学数据,其中几次典型的实验结果如图6-1所示;研究了在活性炭中,体系的温度及初始压力对天然气水合物生成动力学的影响;分析了天然气水合物在活性炭中生成的物理过程,并结合传质方程和化学平衡原理提出了一种天然气水合物在活性炭中的生成动力学模型。

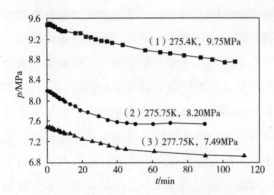

图6-1 活性炭中天然气水合物生成的典型温压实验数据(据闫立军等)

天然气水合物生成包括一系列过程,其中,会有一个或几个速率决定整个生成过程。结合边界层理论和结晶学原理,现在大多数研究者对天然气水合物生成的控制步骤已取得共识,即边界层的传质速率决定了天然气水合物的生成速率。目前的主要分歧在于边界层是在液体—晶体界面还是气—液界面。由于水中轻烃气体的溶解度非常低,物质的量分数一般不超过0.001,而天然气水合物中气体物质的量分数高达0.15,因此,天然气水合物成核和生长不大可能在液相主体中完成,这也就排除了液体—晶体边界层的假设。天然气水合物的生成极可能发生在气-液界面上,这不仅是因为该界面降低了天然气水合物成核的Gibbs自由能,而且在该界面上存在着高浓度的气体分子。Long研究了在蓝宝石釜内气体和添加剂种类以及操作条件对天然气水合物初始生成位置的影响。结果表明,在实验所涉及的所有情况下,天然气水合物都是在液相表面初始生成的。闫立军等在甲烷—水体系水合物生成实验中也观察到了类似现象。

根据上述讨论,天然气水合物在活性炭中的生成机理如图6-2所示。图6-2(a)所示为活性炭孔道内的气体(甲烷)、液体(水)和固体(水合物)三相分布。首先,天然气水合物在活性炭表面上吸附的水分子层中成核并生长。可能的原因是:①活性炭孔壁上的不规则突起和缺陷为天然气水合物提供了良好的晶核生成场所;②水分子层内存在高浓度的甲烷气体。而在活性炭孔道内部的液相主体均不易满足这两个条件。水合物晶核一旦生成,根据不同的孔道特性,天然气水合

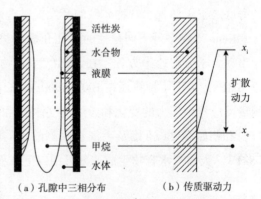

(a)孔隙中三相分布　　(b)传质驱动力

图6-2 天然气水合物在活性炭中的生成机理示意图

物晶体可能有两个生长方向和相应的供水方式：①沿孔道径向方向生长，由于天然气水合物晶体层逐渐变厚，孔道内径变细，毛细作用和晶体与水之间良好的润湿性能使水沿晶体表面不断向上攀升，通过在天然气水合物晶体与气相间不断形成水膜来完成气液表面更新，以提供晶体生长所需水量；②沿孔道纵向方向生长，随着天然气水合物晶体的生长，水量的消耗导致水面持续下降，不断有新鲜、润湿的活性炭表面暴露在高压甲烷气中，这使得天然气水合物晶体层不断向下延伸。这两个方向上的生长可能同时存在。还需说明的是，由于水可以由液相主体源源不断地提供，故其在液膜内的浓度可视为常数。

天然气水合物晶体的生长过程，大致可以分成两个连续的阶段：气—液界面的传质和结晶的溶解。一般来讲，传质过程是天然气水合物晶体生长的控制步骤。依据双膜理论，如果忽略气—液界面气相一侧的传质阻力，且由于不存在液相主体，传质阻力仅存在于晶体和气相之间的液膜内，则天然气水合物晶体生长的推动力就是液膜两侧的浓度差[图6-2(b)]。这就是天然气水合物在活性炭中生成的单液膜传质控制机理。

根据上述机理，结合边界层理论和结晶学原理，可以得到如下基本方程：

$$-\frac{dn}{dt} = k_L A_L (x_i - x_e) \quad (6-2)$$

式中，n 为气体物质的量，可由下式求得：

$$n = \frac{pV}{ZRT} \quad (6-3)$$

式中，k_L 为液膜传质系数；A_L 为气液传质面积；x_i 为气—液界面液相一侧的甲烷浓度；x_e 为天然气水合物晶体与液膜界面液相一侧的甲烷浓度；Z 为压缩因子，使用 MOU/GRI 方程计算得出。

由于天然气水合物晶体的结晶溶解是一个快速平衡反应，因此，x_e 也是只与温度有关的结晶溶解反应平衡时的甲烷浓度。天然气水合物生成需要高压条件，因而压力对气—液界面上甲烷浓度的影响是不能忽略的。

2. 多孔介质中天然气分解动力学

Selim 在流动反应体系中研究了天然气水合物在砂岩岩心中的生成和分解，实验条件是：温度 273.7K，压力 7~8MPa，1.5% 的 NaCl 溶液作为水源。天然气水合物的生成是通过压力的降低和电阻率的增大来控制的。根据天然气水合物晶核中不同的水饱和度可以得到线性和非线性两种分解速率。

在 Kono 等的天然气水合物分解实验中，开始时压力保持为约 2.72MPa，温度维持为 273.5K。实验过程中发现，不同类型的沉积物体系会产生零级数和一次级数两种不同的反应序列，并推出总的分解速率常数为 K_d，根据此常数得出天然气水合物的分解速率为：

$$\frac{dn_{甲烷}}{dt} = K_d n_h^{n^*} \quad (6-4)$$

式中，K_d 为分解速率常数，$\min^{-1}$；n_b 为天然气水合物物质的量，mol。

刘翚、阎立军等使用降压法研究了封闭体系内天然气水合物在活性炭中的分解动力学，考虑到传质作用的影响，结合天然气水合物分解的本征动力学方程，提出了以微分方程形式表达的宏观分解动力学模型。

天然气水合物的分解是一个生成甲烷气、水或冰的吸热过程，如果忽略活性炭颗粒的外传质效应，并且认为周围环境能够及时提供分解所需的热量（即传热影响可忽略），那么活性炭中的天然气水合物分解可能涉及下列过程：①天然气水合物表面笼形主体晶格破裂，甲烷分子从表面解吸逸出，这是天然气水合物分解的本征反应过程，Kim 等认为天然气水合物本征分解速率正比于晶粒表面积和以逸度差表示的推动力；②表面反应生成的甲烷分子在天然气水合物外层水膜或随天然气水合物分解而逐渐增厚的天然气水合物外层冰壳中的扩散过程。Ullerich 等在对天然气水合物热分解的模型化工作中假定分解过程产生的水直接被甲烷气携带离开固体表面。刘翚等认为，分解温度较高时，天然气水合物表面总是存在一层水膜，而在分解温度较低时，天然气水合物将被逐渐增厚的冰壳覆盖。由于天然气水合物分解生成冰后体积会收缩，活性炭孔道内的冰中或者冰与活性炭孔道内壁会形成直径更小的孔道或缝隙。因此，可以把天然气水合物分解生成的冰层想象成一个逐渐增厚的"多孔板"，随着分解反应的进行，甲烷分子在这层"多孔板"中的扩散将迅速成为分解反应的控制步骤。

根据上述原理，天然气水合物分解的表面反应动力学方程如下：

$$\frac{dn}{dt} = K_d A_s (f_e - f_s) \tag{6-5}$$

式中，dn/dt 为单位时间内分解生成的甲烷物质的量；K_d 为本征分解反应的速率常数，$\mathrm{mol/(m^2 \cdot MPa \cdot s)}$；$A_s$ 为天然气水合物分解的总表面积，m^2；f_e、f_s 为甲烷表面三相平衡条件下和实验条件下的逸度，MPa。

假定在上述机理中所描述的"多孔板"内，甲烷逸度梯度是线性变化的，则以逸度差为推动力的甲烷分子在这个"多孔板"内的扩散方程为：

$$\frac{dn}{dt} = \frac{D}{L} A_s (f_e - f_g) \tag{6-6}$$

式中，D 为甲烷分子在"多孔板"中的扩散系数，$\mathrm{mol(m \cdot MPa \cdot s)}$；$L$ 为"多孔板"的厚度，m；f_e、f_g 为天然气水合物表面上和气相主体中的逸度，MPa。

当体系达到稳态时，表面分解反应速率和扩散速率相等。联立式（6-5）和式（6-6），可得如下活性炭中天然气水合物分解动力学模型：

$$\frac{dn}{dt} = \left(\frac{1}{\dfrac{1}{k_d A_s} + \dfrac{L}{D A_s}} \right)(f_e - f_g) \tag{6-7}$$

不考虑天然气水合物的表面积，假定反应容器中的气体量随着天然气水合物的分解而增加，天然气水合物的分解速率可以表示为：

$$r_h = -\frac{dn_h}{dt} = K'_d n_h \quad (6-8)$$

式中，当 $t=0$ 时，$n_h = n_h^0$；r_h 为天然气水合物的分解速率，mol/min；n_h^0 为天然气水合物中气体的总物质的量，mol；K'_d 为表观分解速率常数，可用来校正天然气水合物粒子表面积的影响，$\min^{-1}$。

对上式积分可得：

$$\frac{n_h}{n_h^0} = \exp(-K'_d t) \quad (6-9)$$

由于分解压力低于该温度下粒子的三相平衡压力，因而可假定分解速率正比于推动力，此处的推动力为气体在三相平衡压力下的逸度与固体表面气体的逸度之差。天然气水合物分解推动力为 $(f_e - f)$，K'_d 与 $(f_e - f)$ 呈线性关系，可表示为：

$$K'_d = K_d(f_e - f) \quad (6-10)$$

式中，K_d 为速率常数，$\min^{-1} \cdot MPa^{-1}$。

计算表观分解速率常数：

$$K'_d = \frac{\ln(n_h/n_h^0)}{t} \quad (6-11)$$

由上式计算得到表观分解速率随时间的变化关系如图 6-3 所示。

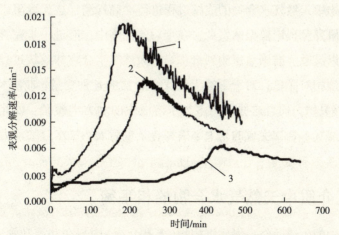

图 6-3 表观分解速率随时间的变化
1—初始生成压力为 7.1MPa；2—初始生成压力为 9.9MPa；
3—初始生成压力为 14.7MPa

从图中可以看出，随着分解反应的进行，表观分解速率逐渐增大，达到峰值后开始下降。这主要有两个方面的原因：

（1）分解初期，天然气水合物分解推动力较小，而随着分解的进行，气体在三相平衡压力下的逸度与固体表面气体的逸度之差增大，即天然气水合物分解推动力逐渐增大，从而引起表观分解速率的增大。

(2)天然气水合物分解过程中，天然气水合物粒子的总表面积是先增大后减小的，分解速率正比于分解表面积，从而使表观分解速率先增大后减小。

另外，随着初始生成压力的逐渐增大，表观分解速率减小，其变化幅度也趋于平缓。这是因为，随着初始生成压力的增大，在同一分解时间内的天然气分解推动力会逐渐减小。

动力学研究对认识和利用天然气水合物具有重要作用，多孔介质体系中天然气水合物的模拟实验已引起研究人员越来越多的重视。虽然科研人员在特定情况下，多孔介质中天然气水合物的生成、成核速率的计算及天然气水合物稳定性方面取得了一些研究成果，但还不能满足实际海上勘探及工业应用的需要，对天然气水合物生成机理的深入了解也不足。总的来说，作为天然气水合物研究过程中新兴的热点问题，沉积物中天然气水合物生成动力学研究仍处于初始阶段，许多问题有待于进一步深入研究。

未来，天然气水合物动力学研究重点将主要集中在以下几个方面：①在天然气水合物成核过程的研究中使用了各种假设条件，这些假设条件是否符合实际情况，以及天然气水合物成核机理的真实过程还有待进一步研究；②实验研究中使用的沉积物大多为人工特制的，而且大都集中在100pm左右的细颗粒范围内，难以代表真实的海洋沉积物环境，故进行天然海洋沉积物中天然气水合物生成动力学方面的研究是十分必要的；③目前的实验技术尚难以对沉积物中天然气水合物的成核过程进行准确探测，这无疑阻碍了沉积物中天然气水合物动力学研究及理论模型的发展，在今后的工作中，应进一步完善实验装置，使用高新探测技术，以灵敏、准确地探测到沉积物中天然气水合物的成核过程；④目前所建立起来的动力学模型相对简单，对于影响天然气水合物的各种变量（如客体尺寸、表面面积等）的反馈还不够灵敏，而且这些模型多为水溶液中的动力学模型，因此，开发能够准确反映沉积物中天然气水合物生成的动力学模型将是今后天然气水合物动力学研究工作的重点与难点。

二、多孔介质中天然气水合物的相平衡

天然气水合物的生成条件在海底沉积物（多孔介质）中与在井筒和管道中有明显不同。在井筒和管道中，可以忽略气体或液体与管道壁面间的界面效应；而在多孔介质中，由于孔隙很小，流体与孔隙壁面间存在界面吸附和润湿作用，所以必须考虑界面效应对天然气水合物生成条件的影响。

1. 多孔介质中天然气水合物相平衡的研究结果

Handa 和 Stupin 首先测定了 $100\sim300K$ 下半径为 $70Å$ 的多孔硅胶中甲烷和丙烷水合物中水合物—冰—气体和水合物—水—气体的温压关系，他们发现，同一温度下，多孔介质

中天然气水合物的平衡压力要比整块天然气水合物(每一部分的物性都均匀的天然气水合物)的平衡压力高20%~100%；在多孔介质开口处可形成冰冠，天然气水合物完全包裹在多孔介质里面，因此多孔介质内部生成的天然气水合物在达到多孔冰熔点以前都是稳定的。70Å的多孔硅胶中，天然气水合物的组成是$CH_4 \cdot 5.94H_2O$，天然气水合物分解成水和气体时的分解热是45.92kJ/mol，而整块天然气水合物的分解热是54.19kJ/mol。

Bondarev等测得了沙子、肥土和斑脱土中四氢呋喃水合物的分解温度。他们发现，同整块天然气水合物相比，多孔介质中天然气水合物的分解温度降低了。尽管四氢呋喃水合物同天然气水合物的晶体结构和溶解度都不同，但这一结果与多孔介质对天然气水合物相平衡条件的影响是相似的，这为天然气水合物分解条件的偏移是由流体的化学势或水的活度改变而引起的观点提供了证据。

Miyawaki等研究了甲烷在纳米级孔隙中的吸附。他们认为，由于纳米级孔隙比Ⅰ型天然气水合物的晶格常数小，所以生成的天然气水合物与整块天然气水合物的结构不同。通过结果可以得出一条重要信息——如果孔隙尺寸变小，则水、甲烷和孔隙壁面之间的相互作用将会改变，继而孔隙中天然气水合物的物性也会改变。

类似地，Uchida等发现，直径为100~500Å的多孔玻璃中天然气水合物的分解温度明显降低，且温度偏差同直径成反比。表示分解条件的阿伦纽斯图表明，直径小于300Å的多孔介质中生成的天然气水合物的分解热要比块状天然气水合物的分解热小。使用吉布斯–汤姆生效应对此现象进行的量化分析表明，天然气水合物在小孔中分解条件的偏移是由水活性的变化引起的。在限定的孔隙中，天然气水合物与水之间的显性界面自由能约为$3.9 \times 10^{-2} J/m^2$，与相似条件下冰与水的界面自由能相当。

接着，Uchida等又确定了多孔玻璃中甲烷、二氧化碳、丙烷气体水合物的平衡条件。同块状天然气水合物相比，给定压力下，每一种气体水合物的分解温度都有所降低：孔径为4nm时，甲烷水合物分解温度最大降低量为$(12.3 \pm 0.2)K$；而孔径为100nm时，分解温度只有0.5K。在孔径为30nm的多孔玻璃中，甲烷水合物四相平衡点在270.6K以下温度没有发生偏移。用吉布斯–汤姆生方程对所有的温度偏移进行了拟合，拟合最优结果中，甲烷、二氧化碳、丙烷水合物的水合物—水界面能分别为$1.7 \times 10^{-2} J/m^2$，$1.4 \times 10^{-2} J/m^2$，$2.5 \times 10^{-2} J/m^2$。甲烷、二氧化碳等Ⅰ型水合物界面能差值在20%以内，明显小于n型(丙烷)水合物的界面能。同样孔径中满足吉布斯–汤姆生方程的冰的界面能是$2.9 \times 10^{-2} J/m^2$，这与已有的数值非常吻合。计算得到的气体水合物同水之间的界面张力只随气体种类稍有变化，这表明孔隙对相平衡的影响是由水活度的改变而引起的。

Buffett和Zatsepina的实验较真实地模拟了海洋环境，与Aya等的实验不同，他们在实验中没有用任何搅拌设备，气体完全靠扩散作用进入孔隙流体中，因此，他们的实验装置是细长的。实验中，采用CO_2作为天然气水合物的生成气体(这一方面是因为CO_2水合物

与 CH_4 水合物的结构十分相似，另一方面是为了检测的方便)。实验装置下部为天然多孔介质，中间为水溶液，上部为气体薄层，在细砂中安装电极测定天然气水合物生成/分解过程中电阻的变化。气体压力在装置内保持恒定，可确保气体扩散有充足的时间在孔隙流体和溶液及气体间建立相平衡。在实验中发现，开始时沉积物底部的温度快速降低，2h后基本恒定，而电阻变化与温度变化相反，这是因为温度的降低也降低了溶液中的离子活度。电阻的变化与温度的变化呈线性关系，但在 1.5℃ 时，电阻发生突变，这表明天然气水合物开始生成。通常情况下，生成天然气水合物的体积很小(约占1%孔隙度)，因此孔隙度几乎保持恒定。电阻的变化主要反映流体导电性的变化。因为一旦天然气水合物生成，气体从溶液中消耗，其物质的量分数(x)的减少将导致溶液电阻(R)的增加，可通过下式表示：

$$\frac{\Delta R}{R} = -\frac{\Delta x}{2x} \tag{6-12}$$

式中，ΔR 为电阻的变化；Δx 为气体物质的量分数的变化。

生成天然气水合物占据的孔隙度(h)可用下式表示：

$$h = \frac{\Delta x}{x_b} \tag{6-13}$$

式中，$x_b = 1/7$，为气体在天然气水合物结构中的物质的量分数，因此只要获得气体消耗量 Δx，即可得到 h。

对海洋环境的模拟表明，沉积物对天然气水合物的生成有重要影响，既可以改变其稳定性的热力学条件，又可以改变天然气水合物的成核现场。通过实验中发现，在没有游离气体的真实的天然多孔介质中能生成天然气水合物，天然气水合物可以在低于游离气体存在时峰值浓度的40%左右时成核，成核过程不再是天然气水合物形成的障碍。该实验说明两点：一是证明了天然气水合物能够在从海底沉积物向上迁移的流体中成核和生长；二是在海底条件下天然气水合物生成所需的气体浓度远小于需要产生气泡的浓度。

Makogon 较早模拟了不同粒级砂岩中天然气水合物的生成过程。Handa 于 1992 年设计实验测定了孔隙中天然气水合物的稳定条件。Uchida 等研究了不同孔径多孔玻璃中天然气水合物的稳定性和孔隙中天然气水合物的稳定压力随孔径的变化情况。AUdko 等研究了具有孔隙结构的多孔材料硅胶中天然气水合物的分解温度和压力。Smith 等基于实验研究建立了孔隙中天然气水合物的相图，给出了不同孔径介质中甲烷水合物的稳定压力和温度数据，这对于了解碎屑沉积物中天然气水合物的稳定性有着重要的指导意义。

国内也相继开展了大量多孔介质天然气水合物生成实验研究。赵宏伟等采用高压反应釜在多孔介质中合成了天然气水合物，利用多电极测量阻抗的方法分析了多孔介质中水合物的生成与分解过程。樊栓狮等开展了盐分对多孔介质中天然气水合物形成影响作用的实验研究。陈国等对天然气水合物和含水合物砂的导热系数进行了实验研究。2006 年，吴青柏等利用CT扫描技术对冻结粗砂土中天然气水合物的生成进行了实验研究。

Smith(2002)、Zhang(2003)、Tnmer(2001)等的研究表明：①在多孔介质中，天然气水合物的平衡压力高于相应温度下纯水中天然气水合物的平衡压力，即在多孔介质中相平衡曲线左移；②在多孔介质中，天然气水合物的平衡压力随着孔径的减小而逐渐增加，即平衡压力的增加值与孔径的减小有关，孔径越小，平衡压力越大，例如，Smith测得273.15K时，孔隙半径为3nm和5nm的硅胶中，天然气水合物的平衡压力为4.2MPa和3.9MPa，而纯水中只有2.6MPa。

分析Smith等的实验过程可以看出，他们一般是针对孔隙半径为几纳米的硅胶中进行研究的。在这样微小的孔隙中，由于受强烈毛管压力作用，气—水—水合物相界面均存在强烈的界面张力，从而对相间的传热传质过程产生影响，使天然气水合物的生成更加困难，生成条件更加苛刻，要求的平衡温度更低、平衡压力更高，反映在相平衡曲线上即为$P—T$曲线左移。随着多孔介质孔隙半径的增大，毛细管压力的作用越来越弱，天然气水合物的相平衡曲线也与纯水中的越来越接近。

在自然界中，油气藏多孔介质的毛管半径一般都远远大于60nm，所以利用实验模型研究天然气水合物的开发是可行的，而且在进行有关相平衡的研究时，可以借用现有纯水中天然气水合物的数据和模型。

另外，为测定实验用水对天然气水合物的生成速率及相平衡条件的影响，有研究人员进行了纯蒸馏水时天然气水合物的相平衡实验。初步实验结果表明：盐水比纯水中的天然气水合物合成速率要快得多，但盐水合成对相态图影响不大，即盐水主要影响天然气水合物动力学性质，但对相平衡条件影响较小(图6-4)。

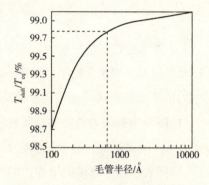

图6-4 天然气水合物相平衡温度随毛管半径偏移曲线

2. 多孔介质中天然气水合物相平衡的影响因素

1) 温度、压力及孔径的影响

2004年，吴保祥等对沉积物体系中天然气水合物的平衡温度和平衡压力条件进行了实验模拟研究。他们在温度为270.9~278.2K，压力为2.47~4.31MPa的条件下，分别对平均孔径为53.2nm、27.2nm和15.5nm的沉积物体系中天然气水合物的相平衡进行了测定，结果表明：近自然沉积物的平均孔径大小会影响天然气水合物的相平衡条件。由于毛管力和表面张力的作用，相同温度条件下，沉积物体系中的天然气水合物的平衡压力比纯水体系中的高(图6-5)；而相同压力条件下，沉积物中天然气水合物的平衡温度比纯水中的低。随着孔径增大，天然气水合物相界向右移动，其稳定区域面积不断增大。冰点以上，随着温度的升高,不同孔隙分布的沉积物介质中天然气水合物相界之间的差距逐渐增大,即平衡压力的变化幅度增大。随着温度的降低,相界面之间的差距逐渐减小,到冰点以下,无论沉积物孔径大小,天然气水合物的相界将趋于一致。当体系中温度降低到冰点以下或者沉积物孔径增大到超过60nm以后,沉积物孔隙毛管压力对天然气水合物稳定性的影响非常小,将与纯水中的平衡条件重合或接近。

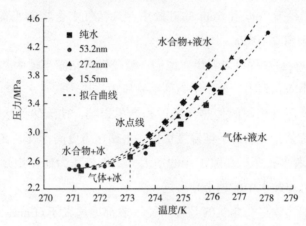

图6-5 沉积物体系中天然气水合物相平衡曲线

天然气水合物在沉积物中的相平衡数据可以用经验热力学方程拟合,拟合结果能反映孔径大小与天然气水合物平衡温度、压力条件的相关关系。

2006年,张烈辉等通过实验研究了天然气水合物的相平衡,结果表明:

(1)随着实验压力的增加,同种气样生成天然气水合物的温度增高。同时,在同一实验压力下,温度越低,越容易形成天然气水合物。

(2)随着水样矿化度的增加,同种气样生成天然气水合物的温度降低。主要原因在于地层水和配制水中含有盐类物质,其电离产生的离子在水溶液中产生离子效应,破坏了电离平衡,也改变了水合离子的平衡常数,进而降低了天然气水合物生成的温度。因此,水样的矿化度越高,其对天然气水合物生成的抑制作用越大。

(3)天然气组成是决定是否生成天然气水合物的内在因素。在同一水样中,组成不同的天然气,甲烷含量越高,其生成天然气水合物的温度越低。

(4)在压力为12MPa、水样为配制水的实验条件下,当气样中所含的凝析油组分比例较大时,部分凝析油冷凝后在高压反应釜管壁上会形成一层油膜,油膜的存在可能会抑制天然气水合物的生成,导致天然气水合物生成温度降低,出现反常现象。温度和压力是天然气水合物生成/分解的两个基本影响因素。此外,孔隙水的化学组成及沉积物类型对天然气水合物的生成/分解也有重要影响。

2)水的组成及沉积类型的影响

化学成岩作用、离子扩散和流体运动及各种化学反应,使海底沉积物中孔隙水的化学组成与海水和纯水有很大不同。孔隙水通常呈还原性（O_2和SO_2^{-4}耗尽），Ca^{2+}和Mg^{2+}由于碳酸盐沉淀而亏损，NH^{4+}和大量微量金属富集，且Br^-（从有机物释放出来）含量高。Dickens和Quinby的研究表明，海洋沉积物孔隙水中天然气水合物的稳定条件与孔隙水活度（α_w）有关。对各种海洋过程是如何影响天然气水合物平衡条件的探讨，归根结底是解决如何影响孔隙水活度的问题。改变孔隙水的组成（即使没有改变水的物质的量分数），可以影响甲烷—水合物—水平衡曲线的温压条件。在海洋环境中，盐度和化学成分变化对天然气水合物稳定条件的影响可通过测定这些因素对孔隙水中$\ln\alpha_w$值的影响来评估。沉积物中孔隙水的盐度显著影响着天然气水合物的含量（特别是在海底相对较浅的地方）。勘探研究成果表明，在一些地区，海洋天然气水合物稳定带的底部（BGHS），比基于甲烷—纯水体系预测的天然气水合物稳定带的底部要浅得多。这主要是由于海洋沉积物中孔隙水盐度及沉积物类型的影响，水的活度降低，相平衡曲线向左移动，使天然气水合物生成所需的压力升高，温度降低。

在细粒沉积物中，生成天然气水合物的平衡条件与在纯水体系中不同，由于多孔介质存在毛管压力，降低了水的活度，因而降低了天然气水合物的稳定范围，使天然气水合物生成所需压力升高，温度降低，分解温度也降低。Handa和Stupin发现，在微孔硅质玻璃中，天然气水合物的分解温度可降低8℃。Chuvilin研究了不同含量的黏土颗粒对石英砂中天然气水合物生成的相平衡条件的影响。实验表明，向砂中加入黏土颗粒通常会改变平衡条件，使压力升高，温度降低。在松散沉积物中天然气水合物生成的相平衡条件可以在其生成/分解第二循环过程中测定，而天然气水合物分解的平衡条件可在第一循环中测定。如果松散沉积物在天然气水合物生成条件下被冷冻，则冰的溶化能导致第二次天然气水合物生成，使沉积物中天然气水合物含量显著增加，松散沉积物中天然气水合物的第二循环可导致比第一循环更多的天然气水合物累积。在砂石中加黏土可极大地改变天然气水合物的累积特性，在一定程度上增加黏土含量会促进天然气水合物的生长，但是达到临界值后进一步增加黏土含量反而会抑制天然气水合物的累积。

3. 天然气水合物相平衡的理论模型研究

目前，预测天然气水合物生成条件的热力学模型几乎都是以经典统计热力学为基础的。Van der Waals和Platteeuw(1959)提出了一个基于经典吸附理论的基础模型。利用此模型，Saito等(1964)提出了一种预测天然气水合物生成条件的方法。

van der Waals和Platteeuw提出的初始模型主要基于以下假设：

(1) 每个空穴最多只能容纳一个气体分子。

(2) 空穴被认为是球形的，气体分子和晶格上水分子间的相互作用可用分子间势能函数来描述。

(3) 气体分子在空穴内可自由旋转。

(4) 不同空穴的气体分子间没有相互作用,气体分子只与最邻近的水分子之间存在相互作用。

(5) 水分子对天然气水合物自由能的贡献与其所包容的气体分子的大小及种类无关,即气体分子不能使天然气水合物晶格变形。

预测平衡的标准为:

$$\mu_h = \mu_w \tag{6-14}$$

式中,μ_h 为水在天然气水合物相中的化学势;μ_w 为水在富水相或冰相中的化学势。

若将空水合物晶格的化学位 μ_β 作为参考态,则平衡条件如下:

$$\Delta \mu_h = \Delta \mu_w \tag{6-15}$$

式中,$\Delta \mu_h = \mu_\beta - \mu_h$;$\Delta \mu_w = \mu_\beta - \mu_w$。

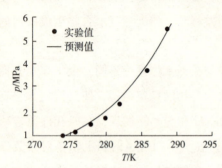

图 6-6 合成天然气水合物生成条件的测定值与预测值

2002 年,孙志高等用上述算法预测了天然气水合物的相平衡参数,并与实验测定值进行了对比,结果如图 6-6 所示。

按照固体溶液理论,天然气水合物的稳定条件直接取决于水的活度。如果活度降低,则给定温度时天然气水合物的生成压力增加,或者给定压力时天然气水合物的生成温度降低。Handa 和 Stupin (1992) 通过实验证明,在微小孔隙中水的冰点也明显降低,而多孔介质中甲烷和丙烷水合物的分解压力均比整块天然气水合物的分解压力高。因此,尺寸限制会导致水的活度降低,这与抑制剂系统中的情形类似。为了对多孔介质中天然气水合物相平衡条件进行预测,一些学者在 van der Waals—Patteeuw 模型的基础上,将尺寸效应包含在水活度表达式中,建立了多孔介质水合物相平衡预测模型。

1) Clarke 等的模型 (1999)

Clarke 等认为,多孔介质中天然气水合物分解条件取决于岩石和流体的特性,如润湿角和孔隙半径。孔径中的毛管压力降低了水的活度,导致孔径中水的冰点降低。因此,他们将表面张力考虑在内,提出了描述多孔介质中天然气水合物的新方法。在他们的模型中,假设水或冰与硅胶存在表面作用,使用球形接触表面的 Young-Laplace 方程确定水与气体相之间的压力差:

$$\Delta p = p_g - p_w = \frac{2\sigma_{gw}}{r_p}\cos\theta \tag{6-16}$$

式中,p_g 为气体相的压力;p_w 为水相的压力;$\sigma_{gw} = 72 \text{ mJ/m}^2$;$r_p$ 为平均孔隙半径;θ 为水与硅胶之间的接触角,假设 $\theta = 0$。

水的活度可以写成:

$$\ln\alpha_w = \ln\left(\frac{f_w}{f_w^0}\right) = \ln(x_w\gamma_w) + \frac{V_w}{RT}(-\Delta p) \qquad (6-17)$$

式中，α_w 为水的活度；f_w^0 为纯水的逸度；f_w 为多孔介质中水的逸度；x_w 为水相的摩尔分数；γ_w 为水的活度系数；V_w 为水的体积；R 为通用气体常数；T 为温度；Δp 为水与气体相之间的压力差。

但是，在他们的分析中，忽略了水与天然气水合物之间的表面能，由于多孔介质中水的冰点降低，参考温度为 276.5K。

2) Wilder 等的模型(2001)

Wilder 等考虑到小孔中水与天然气水合物间界面曲率效应引起的毛管压力很明显，假定多孔介质中生成的天然气水合物、块状水和气体处于平衡状态，则空水合物晶穴和纯水相间的化学势差为：

$$\Delta\mu_{w\,porg} = \Delta\mu_{w\,bulk} + V_L\frac{2\cos\theta\sigma_{hw}}{r} \qquad (6-18)$$

式中，$\Delta\mu_{w\,porg}$ 为纯水相化学势；$\Delta\mu_{w\,bulk}$ 为天然气水合物相化学势；V_L 为纯水相水的物质的量体积；θ 为纯水相与天然气水合物之间的润湿角；σ_{hw} 为水和天然气水合物相之间的界面张力；r 为孔隙半径。

尽管 Clarke 等使用的方程表面上同 Wilder 等的模型(2001)很相似，但这两个模型对天然气水合物界面的假设在本质上是不同的。

Yongwonseo 等考虑到毛管压力的影响和多孔介质中水活度的降低，对水活度表达式进行了修正，提出了多孔硅胶中水活度表达式：

$$\ln\alpha_w = \ln(x_w\gamma_w) - \frac{V_L 2\cos\theta\sigma_{hw}}{rRT} \qquad (6-19)$$

式中，V_L 为纯水的物质的量体积；θ 为纯水相与天然气水合物之间的润湿角；σ_{hw} 为天然气水合物与液态水相间的表面张力；r 为孔隙半径。

3) Klauda 和 Sandler 的模型(2001，2003)

Klauda 和 Sandler 认为，对于实验室内多孔介质中天然气水合物的理论预测模型，应该包括：①孔隙尺寸分布；②在逸度模型中天然气水合物和液态水之间的表面张力。为了把孔隙尺寸分布包含在内，可将给定尺寸孔隙中水的活度乘以合适的孔隙尺寸概率密度函数，并在整个孔隙尺寸范围内积分，可以得到：

$$\ln\alpha_w = \ln(x_w\gamma_w) - \int_{\gamma_p/sd}^{Z_h(T)} \Phi(z)\frac{V_w\xi_{hw}\sigma_{hw}}{r(z)RT}\cos\theta\,dz$$

$$r_{(\delta)} = r_p + sd\delta \qquad (6-20)$$

式中，V_w 为水的体积；δ 为比例径向距离；sd 为孔隙尺寸的标准偏差；ξ_{hw} 为天然气水合物与水间界面的形状因子；$\Phi(z)$ 为孔隙尺寸的概率密度分布函数，计算中假设其为正态分布。

三、含天然气水合物多孔介质基础参数描述

1. 孔隙度

目前，含天然气水合物多孔介质的孔隙度有两种定义方法：一种是将天然气水合物看作岩石骨架的一部分，孔隙度定义为岩石中水和气的体积占岩石总体积的百分比；另一种是将天然气水合物看作岩石孔隙的一部分，孔隙度定义为岩石中水、气和天然气水合物的体积占岩石总体积的百分比。目前一般采用第二种定义方法。

2. 渗透率

多孔介质的渗透率由达西公式定义：

$$k = \frac{Q\mu L}{A\Delta p} \tag{6-21}$$

式中，k 为渗透率，μm^2；Q 为流量，cm^3/s；μ 为流体黏度，$MPa \cdot s$；L 为岩心长度，cm；A 为岩心截面积，cm^2；Δp 为驱替压差，$10^{-1} MPa$。

对于含天然气水合物的多孔介质，随着天然气水合物饱和度的增加，多孔介质的渗透率一般呈指数下降，满足关系式：

$$K = K_{D_0}(1 - S_h)N \tag{6-22}$$

式中，K_{D_0} 为天然气水合物饱和度为零时的渗透率；S_h 为水合物饱和度；N 为渗透率下降指数。

3. 气体转化率与天然气水合物饱和度的计算

孔隙体积恒定的填砂管中饱和有水和甲烷，初始温度和压力分别为 T_1、p_1，进行天然气水合物等容生成，系统温度和压力变为 T_2、p_2。为进行天然气水合物动力学计算，必须首先确定甲烷的转化率，即确定天然气水合物的生成量。因为天然气水合物为等容生成，生成前水、气的体积应该等于生成后水、气和天然气水合物的体积，即：

$$V = V_{w1} + V_{g1} = V_{w2} + V_{g2} + V_{h2} \tag{6-23}$$

式中，V 为岩心孔隙总体积，mL 或 cm^3；V_{w1}，V_{g1} 为初始温度 T_1、初始压力 p_1 下水、气的体积，mL 或 cm^3；V_{w2}，V_{g2}，V_{h2} 为反应后温度 T_2、压力 p_2 下水、气和天然气水合物的体积，mL 或 cm^3。

已知反应前填砂管内甲烷体积在标准状况下为 V_{gs1}，根据气体状态方程，其在温度 T_1、压力 p_1 下体积 V_{g1} 为：

$$V_{g1} = \frac{0.1 Z_1 T_1 V_{gs1}}{273.15 p_1} \tag{6-24}$$

假设：

（1）水及生成的天然气水合物不可压缩；

(2)生成的天然气水合物为理想状态,即甲烷分子占据天然气水合物的所有孔隙,在标准状况下,单位体积的天然气水合物分解可产生164单位体积的甲烷气体。

如果共有 V_{gs}(标准状况下)甲烷反应转化为天然气水合物,则式(6-24)可以表示为:

$$V_{wl} + \frac{0.1 Z_1 T_1 V_{gsl}}{273.15 p_1} = \frac{(V_{wl}\rho_w - V_{gs}\rho_h)/164 + V_{gs}\rho_c}{\rho_w} + \frac{0.1 T_2 Z_2 (V_{gsl} - V_{gs})}{273.15 p_2} + \frac{V_{gs}}{164} \quad (6-25)$$

式中,Z_1,Z_2 为气体压缩因子;ρ_c 为标准状况下气体密度,$\rho_c = 0.000715 \text{g/cm}^3$;$\rho_h$ 为天然气水合物密度,$\rho_h = 0.875 \text{g/cm}^3$。

式(6-25)中只有 V_{gs} 一个未知数,因而可以计算出填砂管中甲烷气的转化率。

目前,天然气水合物饱和度有两种定义方法:一种是将天然气水合物看作岩石骨架的一部分,天然气水合物饱和度为岩石中天然气水合物体积占岩石总体积的比例;另一种是将天然气水合物看作岩石孔隙的一部分,天然气水合物饱和度为岩石中天然气水合物体积占岩石孔隙总体积的比例。这里采用第二种定义方法,即天然气水合物饱和度 S_h 为:

$$S_h = \frac{V_{gs}}{164 V_p} \times 100\% \quad (6-26)$$

在天然气水合物的分解过程中,随天然气水合物饱和度的不断变化,岩心的渗透率及水和气的相对渗透率等均会发生改变,而这些基本渗流参数的变化对天然气水合物矿藏的开发影响较大。因此,在开发基础研究中,还应研究这些与开发有关的基本参数及其在天然气水合物生成和分解过程中的动态变化规律。

四、含天然气水合物多孔介质渗透率研究

在天然气水合物矿藏的开发过程中,渗透率是不可缺少的基础数据,因此,测定天然气水合物储层的渗透率是开发前的关键环节。目前,由于获得的天然气水合物藏岩心较少,因此,大部分研究人员都是在实验室中进行含天然气水合物多孔介质的渗透率测定,通过对实验数据分析得出天然气水合物的含量对孔隙介质渗透率的影响。在天然气水合物生成和分解的过程中,孔隙的大小、毛细管的迂曲度等都会发生变化,因此,必须明确渗透率与天然气水合物之间的关系,从而解决天然气水合物矿藏开发过程中可能遇到的各种问题。Masuda 等在研究渗透率随天然气水合物饱和度变化的关系时提出了如下经验公式:

$$\frac{K}{K_0} = (1 - S_h)^N \quad (6-27)$$

式中,K_0 为不含天然气水合物的多孔介质渗透率。

式(6-27)很好地反映了渗透率随天然气水合物饱和度增大而减小的规律。Masuda 用丰浦砂测量得到 $N=9.8$,用日本工业标准 7 号砂测量得到 $N=5.7$,用日本工业标准 8 号

砂测量得到 $N=2.6$，用 Malik 模拟砂测量得到 $N=2.5$。这个经验公式在数值模拟中得到广泛应用。

孔隙中的天然气水合物与孔隙体积有如下关系：

$$V_h = V_p(\Phi_o - \Phi) \quad (6-28)$$

因此：

$$S_h = V_h(V_p\Phi_o) \quad (6-29)$$

式中，V_p 为多孔介质的体积。

把式(6-27)~式(6-29)合并，得：

$$S_h = \frac{1-\Phi}{\Phi_o} \quad (6-30)$$

$$\frac{k}{k_o} = \left(\frac{\Phi}{\Phi_o}\right)N \quad (6-31)$$

Civan 在 Kozeny-Carman 模型的基础上提出了下面的公式：

$$\frac{K\Phi_o}{K_o\Phi} = f(\beta,\gamma)\left[\frac{\Phi(1-\Phi_o)}{\Phi_o(1-\Phi)}\right]^{2\beta} \quad (6-32)$$

式中，β 和 γ 都是总参数，并且：

$$f(\beta,\gamma) = \left(\frac{\gamma}{\gamma_0}\right)^2\left(\frac{\Phi_o}{1-\Phi}\right)^{2(\beta-\beta_0)} \quad (6-33)$$

当 β 和 γ 分别达到极限值 β_∞ 和 γ_∞ 时，在对数坐标中可以形成一条直线，所以上式可假设为一个常数 f_∞，Civan 通过实验数据拟合和理论推导证明了公式的有效性。由于在研究天然气水合物饱和度与渗透率的关系时，常用到 S_h，而不用 Φ，因此，把 $\Phi=(1-S_h)\Phi_0$ 代入式(6-32)得到 Civan 的另一种形式：

$$\frac{K}{K_o(1-S_h)} = f(\beta,\gamma)\left[\frac{(1-S_h)(1-\Phi_0)}{1-(1-S_h)\Phi_0}\right]^{2\beta} \quad (6-34)$$

以上都是应用于解决油气藏中溶解和结垢问题的幂律形式的关系式，由于目前对天然气水合物开发的研究还处于初级阶段，并且天然气水合物矿藏取样非常困难，对天然气水合物岩心基础参数的研究还有待进一步完善。中国石油大学（华东）的科研人员在前人研究成果的基础上对含天然气水合物多孔介质渗透率的变化规律进行了分析，并提出了一种指数形式的关系式，为研究渗透率与天然气水合物饱和度的关系提供了参考：

$$\frac{K}{K_o} = 2^{(1-S_h)N} - 1\ (N=6.40,\ R^2=0.989) \quad (6-35)$$

实验结果表明，无因次渗透率随着天然气水合物饱和度的增大而减小，当天然气水合物饱和度较小时，无因次渗透率减小得较快，而当天然气水合物饱和度较大时，无因次渗透率减小得较慢。不同的多孔介质对应不同的回归参数，无因次渗透率有不同的下降速率。图 6-7 所示为指数公式取不同的 N 值时所对应的无因次渗透率曲线。从图中可以看出，经验指数越大，无因次渗透率减小得越快。

在天然气水合物矿藏开发前，天然气水合物饱和度是原始饱和度，对应的渗透率较小；随着开发的进行，天然气水合物分解前缘由开发井筒向水合物矿藏内部移动，分解前缘前面的天然气水合物矿藏仍然处于稳定状态，不会分解，所以渗透率不发生变化；处于分解前缘的天然气水合物储层，渗透率要根据无因次渗透率与饱和度的拟合关系式计算；分解前缘后面的天然气水合物矿藏完全分解，其渗透率相似于地层不含水合物时的渗透率。实际开发过程中会遇到各种各样的天然气水合物矿藏，应在模拟地层环境的条件下通过测

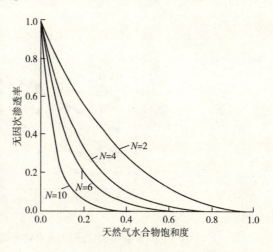

图 6-7 经验指数对无因次渗透率—天然气水合物饱和度曲线的影响

量实际岩心的渗透率与天然气水合物饱和度回归分析出恰当的拟合公式和最佳参数，从而对天然气水合物矿藏作出准确的分析和评价。

第三节 天然气水合物 CO_2 置换开发实验

一、置换开发热力学研究

由 CO_2 置换天然气水合物中 CH_4 等的热力学研究主要包括如下几个方面：①在大容积反应器及多孔介质中，在有/无盐和醇类等添加剂的情况下，测定纯 CO_2、纯 CH_4 和上述两种气体不同组成的 $p-t$ 平衡曲线，由此分析同一温度、压力条件下 CO_2、CH_4 的水合物的稳定性，以及交换反应的推动力；②分别测定 CO_2、CH_4 的水合物分解热以确定交换反应的热量平衡；③在一定温度和压力条件下，CO_2 与气体水合物长时间接触达到交换反应平衡，分析气相和水合物相气体组成，以判断 CO_2 在两相中的选择性捕获系数。

Seo 等对 CO_2、CH_4 在不同组成下的平衡关系进行了模拟计算和实验测定。图 6-8 为 4 种不同组成的 CH_4、CO_2 气体的水合物平衡相图及 CO_2 的气液平衡相图。纯 CH_4、80% CH_4 + 20% CO_2、40% CH_4 + 60% CO_2 及纯 CO_2 水合物平衡时的 $p-t$ 曲线表明，在同一温度下，随着 CH_4 含量(物质的量分数)的提高，平衡压力明显升高。这说明在 CO_2 与 CH_4 水合物的交换反应中，存在相当大的推动力。同时，图 6-8 中曲线表明了某温度下进行置换

反应时,以液态或气态 CO_2 与 CH_4 水合物进行反应必须维持的压力下限或上限。

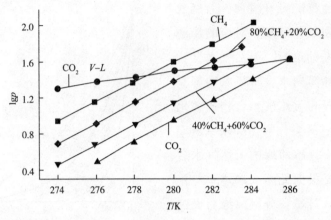

图 6-8 CH_4、CO_2 水合物平衡相图及 CO_2 的气液平衡相图

一般认为,任何可能的天然气水合物转化为 CO_2 水合物的热力学条件都会受到所在孔隙大小的影响。为了解气体水合物在自然赋存条件下的平衡性质,Kmi 等对 CO_2 与 CH_4 混合气体水合物在多孔介质(多孔硅胶)含盐孔隙水中的平衡关系,进行了实验测定和数值模拟,并且与大容器中的平衡数据进行了对比。得到的主要结论有:①与大容器中的情况相比,无论是纯气体还是混合气体,在同一温度下,孔隙中的平衡压力更大,且孔隙越小时这种趋势越强烈;②无论是大容器还是小孔隙中,盐含量越高,平衡压力越高;③无论是大容器还是小孔隙中,CH_4 含量越大,平衡压力越高。这对于预测和设定交换条件具有重要的指导意义。

Rueff 于 1988 年提出,CH_4 水合物分解热为 54.49kJ/mol;而 Nagayev 于 1979 年提出,CO_2 水合物分解热为 57.98kJ/mol。由此可以判断,CH_4 水合物分解所需要的热量完全可以由生成 CO_2 水合物所放出的热量提供,且略有剩余。

CO_2 与 CH_4 的水合物均为结构Ⅰ型。CO_2 与 H_2O 的化学亲和力大于 CH_4 与 H_2O 的,因此应该有利于二者的交换。Ohgaki 在实验研究中发现,当置换实验在某条件下达到平衡时,水合物中 CH_4 的物质的量分数下降到 0.48,而气相中 CH_4 的物质的量分数达到 0.79。由此可见,在多孔介质的含盐孔隙中,用 CO_2 置换天然气水合物中的 CH_4 在热力学上是完全可能的。

二、置换开发动力学研究

Uchida 等利用快速气相色谱和拉曼光谱对 CO_2 与 CH_4 混合气体生成水合物的过程进行了监测,发现在生成水合物的过程中,气体组分是变化的。这一关系可以定量地表示为:

$$\frac{X_{C_1}}{X_{CO_2}} = (\frac{X_{C_1}}{X_{CO_2}})_0 + \alpha \lg t \qquad (6-36)$$

式中，X 为气相中的组成；$(X_{C_1}/X_{CO_2})_0$ 为反应起始组成比；t 为反应时间；a 为正的固定参数，与气相中 CH_4 物质的量分数增加速率有关。

由上式可以看出，反应后气相中的 CH_4 物质的量分数增大，即 CO_2 比 CH_4 消耗得更多。

Uchida 等在实验中发现，虽然总体上 CO_2 比 CH_4 消耗得多，但反应初始阶段变化与 (X_{C_1}/X_{CO_2}) 有关。原因在于 CH_4 分子既可以占据中型孔隙又可以占据小型孔隙。反应刚开始时，CH_4 消耗较快；反应一定时间后，在中型孔隙中会出现 CO_2 与 CH_4 的平衡，由于 CO_2 与 H_2O 的亲和力较强，因此最终会有更多的 CO_2 进入水合物。Uchida 等认为，CO_2 与 CH_4 水合物的交换反应包括两个主要步骤：①CH_4 水合物分解，释放出来的 CH_4 气体离开固相进入 CO_2 相中；②重新生成气体水合物，CH_4 分子由于记忆效应很快占领各晶胞小穴，CO_2 分子进入部分晶胞中穴。

三、反应速率估算及建模

M. Ota 等认为，以逸度差为过程推动力的定量计算式为：

$$-\frac{n^i_{CH_4 \cdot h}}{100}\frac{dx}{dt} = KA(f^h_{CH_4}) - \frac{1}{3}K'A(f^L_{CO_2} - f^h_{CO_2}) \quad (6-37)$$

式中，$n^i_{CH_4 \cdot h}$ 为交换反应开始时水合物中 CH_4 的物质的量；x 为留在水合物中的 CH_4 的物质的量分数；t 为反应时间；K、K' 为总的分解和生成速率常数；A 为相间面积；f 为逸度。

为详细了解置换反应过程的机理并直接测定置换反应的速率，McGrail 等在大容积反应器中进行了反复实验，发现这种置换确实进行得很缓慢，在 3.50MPa 下，当温度为 0℃、2.5℃、4.5℃ 时，CO_2 穿透到水合物层的速率分别为 0.25mm/h、0.55mm/h 和 1.33mm/h，考虑到在多孔介质中的反应速率将减少到大容积反应器中的 $1/4 \sim 1/2$，因此实际的反应速率会更小。而且，随着反应界面向水合物内部推进，反应速率还将下降。表 6-1 为 M. Ota 等用液态 CO_2 与 CH_4 水合物进行置换反应的实验数据，由表中数据可知，这一反应的速率是很低的。

表 6-1 CH_4 水合物分解的 CH_4 与生成 CO_2 水合物的量的关系

实验编号	反应时间/h	水合物分解出的 CH_4 的量/mmol	生成 CO_2 水合物的量/mmol
1	43	34.5	24.7
2	93	47.7	38.8
3	114	68.4	42.8
4	181	70.5	71.2
5	307	66.2	57.6

为了提高反应速率，McGrail 等提出了一种强化气体水合物回收法（EGHR）。该方法

的要点是首先通过一定的方法制成 CO_2 为分散相、水为连续相的乳化液,其中,CO_2 占总体积的 50%~70%;然后,在一定的压力下(低于 CH_4 水合物的平衡压力)将微乳液注入事先在砂层中形成的 CH_4 水合物层,使之与水合物层接触,置换出水合物中的 CH_4。McGrail 等认为,这样做充分利用了 H_2O-CO_2 混合物体系的物理和热力学性质,结合了多孔介质中受控多相流、热量和质量传递过程的优点,使置换反应得到强化。反应的动力学受到传热、分子扩散和 CO_2 水合物生成本征动力学的控制,通过改变乳化液的温度、CO_2 与水的比例及 CO_2 作为分散相的粒度大小,可以实现对置换反应过程的控制。

第七章　天然气水合物开发技术数值模拟

数值模拟技术是研究天然气水合物矿藏中流体运动规律的重要手段。在开发初期，数值模拟技术能够预测各种开发方式的开发效果，指导开发方案的设计与实施。在开发过程中，数值模拟技术能够通过再现天然气水合物开发历程，使人们重新认识天然气水合物矿藏的静、动态特征，识别储层参数，为进一步提高开发效果提供指导。利用数值模拟技术还能够在理论上探讨天然气水合物矿藏复杂的渗流规律和机理，并对认识开发过程中各因素的敏感性，以及对天然气水合物矿藏的产气量进行初步估计具有重要意义。

在开发天然气水合物过程中，不仅涉及水合物的分解及各组分的质量守恒，还应考虑天然气水合物分解过程的能量变化。因此，在开发模拟过程中必须考虑两个场（即渗流场和温度场）的同时存在，以及它们之间的相互影响。数值模拟过程涉及由于地层温度变化而引起的渗流过程本身的变化和由于渗流场的存在而产生的热力过程，如热对流、热传递、地下热反应面的移动等。建立天然气水合物开发的数学模型时，必须同时考虑质量守恒方程和能量守恒方程。

第一节　数值模拟研究概况

一、数值模拟研究历程

近数十年来，国内外进行了大量的天然气水合物相关研究。美国能源部矿物能源局在1982年开始了一个天然气水合物研究"十年计划"，取得了丰硕成就，然而许多问题还有待解决，包括水合物分解动力学、开发安全、经济评价等方面。1992年后，天然气水合物的研究逐步扩大，许多高校和研究机构开始涉足该领域。日本在1995年开始了天然气水合物研究的第一个"五年计划"——评价近海天然气水合物的开发是否可行。在此期间，不同学者提出了多种模型：从简单的能量平衡模型到单相多孔介质解析渗流模型，以及新型三维三相数值模拟器，这些模型包括降压模型和注热模型。每个模型都从某一侧面研究了天然气水合物的分解、运移和产出机理,为完善的数值模拟奠定了基础。

到目前为止,能够较好反映天然气水合物开发中物理化学过程的模型很多。从时间排序来看,其中的16个模型最能够代表近年来的发展历程。

1. Holder 模型(1982)

Holder 模型为三维单相气体渗流模型,可以模拟与常规气藏相邻的天然气水合物层中的气体产出。对于具有下伏天然气层的天然气水合物矿藏,首先应开发常规气藏。随着生产过程中气藏压力的降低,气藏与天然气水合物矿藏界面处的压力降低,从而使水合物分解。模型中考虑了气相的质量守恒和能量守恒,但没有考虑天然气水合物分解时水的产出。计算结果表明,天然气水合物层分解的气体在总产气量中占很大比例,并且呈逐渐增加的趋势;随着天然气水合物的分解,气–水合物界面温度逐渐降低。

2. McGuire 模型(1982)

McGuire 提出了两个热力模型和一个降压模型。两个热力模型为解析模型,包括前缘驱替模型和裂缝流动模型,分别代表天然气水合物储层产气量的上限和下限,分析了孔隙度、渗透率、储层厚度、注入温度及裂缝尺寸的影响。降压模型为利用水力裂缝井开发天然气水合物的一维孔隙流动模型。计算结果表明,降压生产时的产气量与裂缝尺寸、储层厚度、渗透率及井底流压有关。

3. G. Bayles 模型(1986)

G. Bayles 模型为热力解析模型,考虑了井筒和盖底层热损失,计算得出单井蒸汽吞吐天然气水合物矿藏开发方式热利用率的上限和下限,研究了天然气水合物矿藏深度、厚度及孔隙度的影响。模拟结果表明,用蒸汽吞吐方式开发天然气水合物藏也是可行的。

4. Burshears 模型(1986)

该模型为三维气水两相模型,用来模拟与常规气藏相邻的天然气水合物的分解,但它没有考虑天然气水合物分解的动力学过程。该模型假设圆形地层中心的一口井,产气量一定,天然气水合物分解的压力、温度条件瞬时平衡,天然气水合物的分解主要受天然气水合物与气体界面处压降的影响。模拟结果表明,天然气水合物分解过程中不需要外来热量,而且天然气水合物分解过程中产出的水不会对气体流动产生严重影响。

5. Selim 模型(1990)

Selim 模型为热力解析模型,由分解相和未分解相的连续性方程、达西方程和能量守恒方程组成,并假设天然气水合物分解产生的水是静止不动的,分解出的气量仅与温度有关。计算结果表明,天然气水合物分解前缘的移动速率与时间 $t^{-1/2}$ 成正比;天然气水合物的分解速率与孔隙介质的孔隙度有关,而与渗透率无关;产出能量与注入能量的比为 6.2 ~

11.4。该模型中没有考虑多相多维、热量传递及天然气水合物分解动力学等因素。

6. Yousif 模型(1991)

该模型为一维三相(气、水、天然气水合物)有限差分数值模拟器,用来模拟 Berea 天然气水合物岩心在实验室的降压生产过程,主要计算产气量与水合物分解前缘的位置,数值模拟计算结果与室内实验结果吻合较好。

7. Moridis 模型(1998)

美国 Lawrence Berkeley 国家实验室在 TOUGH2 通用数值模拟软件中加入了 EOSHYDR 模块,形成了完善的天然气水合物新模型。TOUGH2 是一个多组分、多相的热能模拟软件,EOSHYDR 模块通过求解物质和能量守恒方程,可以模拟各种复杂地层情况下天然气水合物生成/分解的平衡和动力学模型,而且考虑了气相中的 Klmkenberg 效应和分子扩散效应。新加入的 EOSHYDR 模块考虑了四相(气、液、冰、天然气水合物)九组分(天然气水合物、水、甲烷、非甲烷烃类、分解产生的甲烷、分解产生的非甲烷烃类、盐、水溶性抑制剂和拟组分热焓),各组分存在于各相中。该模型可描述天然气水合物分解的所有机理,包括降压、注热及加入抑制剂的效应。模拟结果表明,从天然气水合物矿藏中开发天然气在技术上是可行的,且具有极大的潜力;热力开发与降压开发联合应用,效果会更好。

8. Ahmadi 模型(1999)

Ahmadi 模型为一维解析模型,可以描述封闭天然气水合物矿藏降压分解产生天然气的开发过程,模型未考虑分解产生的水的影响,可计算得到压力和温度的分布。研究结果表明,天然气水合物矿藏产气速率受压力、温度、渗透率和井底流压的影响。

9. Masuda 模型(1999)

Masuda 模型为基于天然气水合物分解动力学理论开发的气、水两相数值模拟模型。模型中将渗透率作为天然气水合物饱和度的函数,在能量方程中考虑热传导和热对流因素,以 Kim-Bishnoi 方程描述天然气水合物分解速率,计算结果与 Berea 岩心实验结果一致。

10. Swinkels 模型(1999)

该模型由壳牌公司研制,为三维三相(气、水、天然气水合物)四组分(甲烷、非甲烷烃类气体、水、焓)热力有限差分模型。该模型模拟的是海底的而不是极地环境的天然气水合物,因此不包含水的固相。模型用室内相平衡软件包来计算各组分的热力学性质,考虑天然气水合物的相特征、能量守恒及储层压实作用,利用水平井模拟天然气水合物顶气藏的开发。结果表明,在井筒周围,节流效应起重要作用,在天然气水合物开发过程中需要大量生产井以保证分解产生的水的产出和能量的注入。

11. Wonmo Sung 三相多组分模型(2002)

Wonmo Sung 模型可以模拟注入甲醇条件下天然气水合物的分解。模型不仅能计算不同注入速率下气、水饱和度和压力的分布，还能模拟天然气水合物矿藏采用常规法生产一段时间后再注化学剂时产气量的变化。

12. Moridis 模型(2002)

Moridis 模型在 TOUGH2 通用数值模拟软件中加入了天然气水合物分解模块，可以对天然气水合物矿藏在降压法、注热法和注化学剂等各种开发方式下的生产动态进行模拟。

13. Hong 模型(2003)

Hong 模型由动力学方程、质量守恒方程和能量守恒方程组成，可以分析瞬时产气量和累积产气量、地层各点压力及天然气水合物饱和度随时间的变化规律。

14. Kambiz Nazridoust 三相多组分模型(2007)

Kambiz Nazridoust 三相多组分模型由连续性方程、达西方程和能量守恒方程组成，可模拟开发过程中地层各处温度、压力及天然气水合物饱和度的分布。

15. Goodarz Ahmadi 降压分解模型(2007)

Goodarz Ahmadi 降压分解模型将天然气水合物矿藏分成水合物分解区和水合物区，假设天然气水合物矿藏为圆柱形，呈轴对称状。该模型可以计算在不同的生产条件和初始条件下，地层中温度、压力和气体流量随时间的变化。

16. H. A. Phale、T. Zhu STOMP CO_2 置换模型(2006)

STOMP – HYD 是 STOMP 模拟软件的一个计算模块。STOMP 模拟软件解决了地层条件下一维、两维、三维问题中非稳态流和传质问题。STOMP – HYD 模拟了地层条件下天然气水合物的生成和分解。这个模型中的组分包括水、CH_4 和 CO_2。该模型可以模拟 CO_2 置换天然气水合物中的甲烷。

二、各种模型评价对比

从天然气水合物开发数值模拟研究历程来看，可以将模型分为降压模型和加热模型两大类，这些模型都重点模拟天然气水合物的分解、运移和产出。对于矿场实用的计算模型，应当考虑以下六个基本因素：流体在孔隙介质中的流动、流体向周围岩层的热量传递、天然气水合物分解动力学、气水两相流动、三维天然气水合物矿藏形态及矿场多井系统。对上述主要模型中是否考虑了这六个基本因素进行了分析对比，结果如表 7-1 所示。通过分析可知，Moridis 模型考虑因素最为全面，实用性更强，是目前唯一专门用来进行天然气水合物矿藏开发模拟计算的模型。

表 7-1 主要天然气水合物数值模拟模型对比

模型		考虑因素					
		因素1	因素2	因素3	因素4	因素5	因素6
降压模型	Holder 模型	√	√			√	√
	McGuire 模型(降压模型)		√				√
	Burshears 模型	√	√			√	√
	Yousif 模型	√		√	√		
	Ahmadi 模型	√					√
	Msauda 模型	√	√				
热力模型	McGuire 模型(热力模型)		√				√
	G. Bayles 模型						√
	Selim 模型						
	Morids 模型	√	√	√	√	√	√
	Swinkeis 模型	√	√	√	√	√	√

注：因素1—流体在孔隙介质中的流动；因素2—流体向周围岩层的热量传递；因素3—天然气水合物分解动力学；因素4—气水两相流动；因素5—三维天然气水合物矿藏形态；因素6—矿场多井系统；√—模型中考虑该因素。

第二节 天然气水合物渗流机理描述

与传统型能源开发不同，天然气水合物在开发过程中会发生相变。在矿藏中的天然气水合物是固相，而在开发过程中其会分解为液相和气相。从天然气水合物各种方式的开发过程可以看出，天然气水合物的开发是一个多相多组分非等温的物理化学渗流过程，这个过程除气体和水在多孔介质中的一般渗流外，还包括天然气水合物和水的相变、储集介质孔隙度和渗透率的变化及渗流过程中的分解热和生成热的变化等。天然气水合物开发过程中主要包括以下3个渗流过程。

（1）储层压力或温度变化后，打破天然气水合物的稳定存在条件，促使其分解为气体和水。通过降压、加热或注化学剂等方式打破天然气水合物稳定存在状态，会导致天然气水合物的分解，其分解速率与孔隙结构、天然气水合物结构、储层温度和压力等条件有关。天然气水合物分解的化学过程可以描述为（n 为水合指数）：

$$CH_4 \cdot (H_2O)_{n_h} \longrightarrow n_h H_2O + CH_4$$

由上式可知，1mol 天然气水合物分解后可生成 1mol 甲烷气和一定物质的量的水，因此，有：

$$\dot{m}_h = -\dot{m}_g \frac{n_h M_w + M_g}{M_g} \tag{7-1}$$

$$\dot{m}_h = -\dot{m}_g \frac{n_h M_w + M_g}{M_g} \quad (7-2)$$

式中，$\dot{m}_g$，$\dot{m}_w$，$\dot{m}_h$分别为单位时间、单位体积岩心中天然气水合物分解产生的气体和水的质量及相应分解掉的水合物的质量；M_g，M_w分别为气、水的摩尔质量。

(2) 分解后的气和水以及脱落的固体颗粒在孔隙空间的渗流过程。

天然气水合物开发过程中，随着水合物的分解，各相饱和度、储层孔隙度、渗透率等参数都在不断变化。另外，压力降低后，储层疏松的固体天然气水合物、固体颗粒也可能部分脱落，影响多孔介质渗流过程。

总之，天然气水合物渗流是一个非常复杂的过程，涉及固、液、气三相，天然气水合物、水、轻烃、重烃、化学剂等多个组分，以及渗流过程中地层温度的变化。此外，研究发现，天然气水合物的生成存在"记忆效应"，即由天然气水合物分解产生的水比自由水更易生成水合物，因此，天然气水合物再生成及其对渗流过程可能产生的影响也是天然气水合物渗流研究的重要因素。

(3) 注入流体(能量)的渗流(传导)过程。

天然气水合物的分解为吸热过程，并且部分天然气水合物矿藏开发需要注入一定的流体来为储层输送热量或化学剂。这一过程是注入流体渗流与天然气水合物分解的双重过程，涉及许多物理、化学变化。目前的研究主要针对天然气水合物矿藏中孔隙未完全被天然气水合物充填而存在一定的可流动流体的模型。中国石油大学(华东)天然气水合物研究中心开发的实验设备能够在填砂管中模拟水合物生成、分解、渗流等过程，并通过供液模块注入热流体或化学剂来分析注入过程中模型温度、压力的变化。根据物质和能量守恒定律，通过数值模拟方法，可以得到注入流体在储层推进前缘的分布，以及温度、压力传播速率等的变化规律。

第三节　天然气水合物开发数学模型

第一节中对天然气水合物开发过程中的常见模型进行了简介，本小节选取了其中几个比较典型的开发数学模型进行具体介绍。

一、McGuire 热力学模型和降压模型

McGuire 等于 1982 年提出了两个热力学模型和一个降压模型，均为解析模型。两个热力学模型分别为前缘驱替模型和裂缝流动模型，计算结果反映了天然气水合物储层产气量的上限和下限。降压模型为利用水力裂缝井开发天然气水合物的一维孔隙流动模型。

1. 前缘驱替模型

图 7-1 所示为前缘驱替模型的示意图。模型中心为注入井，注入流体为热水，热水可促进天然气水合物分解，分解产生的天然气和水流入周围的生产井。这一系统类似于蒸汽驱模型，但该模型为热传播模型，而非渗流模型。模型的基本原理是：注入的热量，向顶、底储层的热损失，以及天然气水合物分解所需热量保持能量守恒。

该模型作了如下假设：①天然气水合物矿藏具有一定的渗透性；②天然气水合物分解产生的天然气和水在流向生产井过程中不会重新生成水合物。前缘驱替模型中涉及的油藏参数包括油藏厚度、孔隙度及注入温度，其他参数包括天然气水合物矿藏盖底层的热扩散系数、天然气水合物饱和度、天然气水合物中的气水比及天然气水合物分解能。

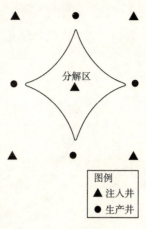

图 7-1　前缘驱替模型示意图

该模型的基本数学描述包括两部分：一部分是分解面积(即水合物已经开始分解的面积)的计算；另一部分是产气速率的计算。

分解面积(A)：

$$A(t) = \frac{IM'h\alpha}{4k^2 \Delta T}\left[\exp(z^2)\operatorname{erfc} z + \frac{2z}{\pi} - 1\right] \tag{7-3}$$

产气速率(G_p)：

$$\begin{cases} G_p = \dfrac{IB_h \Phi S_h}{M' \Delta T}\exp(z^2)\operatorname{erfc} z \\ z = \dfrac{2k}{M'h}\left(\dfrac{t}{\alpha}\right)^{1/2} \\ M' = (1-\Phi)\rho_r c_r \Delta T + S_h \Phi H_{\text{diss}} + S_w \Phi \rho_w c_w \Delta T + S_g \Phi \rho_g c_g \Delta T \end{cases} \tag{7-4}$$

式中，z 为甲烷气体的压缩系数；M' 为包含天然气水合物的储层热容；I 为热量注入速率；h 为天然气水合物矿藏的厚度；α 为天然气水合物及其周围岩石的热传导系数；k 为天然气水合物矿藏的热传导系数；ΔT 为注入温度与天然气水合物矿藏的温度差；B_h 为天然气水合物的体积系数；Φ 为天然气水合物矿藏的有效孔隙度；H_{diss} 为天然气水合物分解热焓；ρ_g，ρ_w，ρ_r 分别为天然气、水和岩石的密度；S_H，S_g，S_w 分别为天然气水合物、气体、可流动水的饱和度；C_g，C_w，C_r 分别为气体、水和岩石的比热容。

利用该模型进行模拟计算，分析注入井注入量为 5.3×10^9 J/h 时注入温度、天然气水合物层厚度和孔隙度对产气量的影响(图 7-2、图 7-3)。两图中虚线均表示根据注入能量估算的产气量。从图中可以看出，当温度低于 250°F(约 121℃)时，产气量较高；当温度高于 400°F(约 204℃)后，气体的产量大多低于估算的产气量。这说明温度较高时，虽然蒸汽注入速率很快，天然气水合物矿藏厚度很大，但由于热量向周围储层的损失太大，导致水合物不能有效分解，产气量较低。从另一角度来看，若注入流体温度较低，则需要加快注入速率。

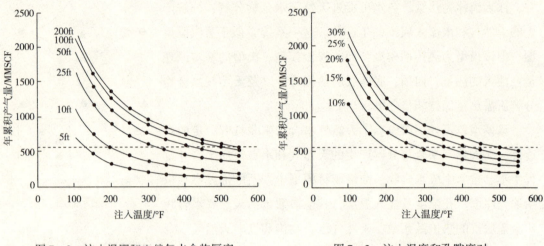

图 7-2　注入温度和大然气水合物厚度对积累产气量的影响

（$\Phi = 25\%$，$1ft = 0.3048m$，$1MMSCF = 1 \times 10^6 ft^3$）

图 7-3　注入温度和孔隙度对累积产气量的影响（$h = 50ft$）

模拟结果表明，在合理的注入速率条件下，合理的注入温度约为 105～250°F（约 40～121℃）；同时，天然气水合物矿藏要达到开发条件，储层厚度要大于 15ft，储层孔隙度不小于 15%。

2. 裂缝流动模型

裂缝流动模型的原理是：将热流体注入一口与水力压裂裂缝相连的注入井内，促使附近天然气水合物分解，然后在生产井中采出分解产生的气体。由于该模型中注入流体能够更快地流入生产井中，因此其热利用率要低于前缘驱替模型，生产井产出水水温较高，产气量较低。裂缝流动模型示意图如图 7-4 所示。

假定裂缝中的流动为层流，建立一维热传导有限元模型（图 7-5）。在宽度为 W 的渗流通道中稳态温度分布为：

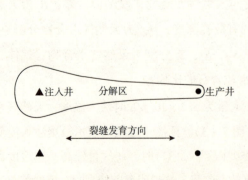

图 7-4　裂缝流动热力模型示意图

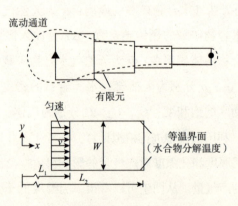

图 7-5　裂缝流动的等宽有限元模型

$$T(x,y) = T_h + \sum_{n=0}^{\infty} \frac{4(T_{inj} - T_h)(-1)^n}{\lambda_n} - \frac{\lambda_n^2 khx}{\rho_w c_w Q_w W} \cos\left(\lambda_n \frac{y}{W}\right) \quad (7-5)$$

式中，$\lambda_n = (2n+1)_w$。

通过有限元等温面的热流量为：

$$q(L_1, L_2) = 8(T_{inj} - T_h) Q_w \rho_w c_w \sum_{n=0}^{\infty} \frac{1}{\lambda_n^2} \left(e^{\frac{\lambda_n^2 khL_1}{\rho_w c_w Q_w W_{eff}}} - e^{\frac{\lambda_n^2 khL_2}{\rho_w c_w Q_w W_{eff}}} \right) \quad (7-6)$$

式中，W_{eff} 为平均流动路径宽度。由于热流量应用于时间 τ 内等温分解表面上，因此天然气水合物分解后的流动路径会扩大 $\Delta W(L_1, L_2)$。该时间内天然气水合物分解产气量为：

$$G_p(L_1, L_2) = \frac{B_h q(L_1, L_2) \tau \Phi}{M'(T_{inj} - T_h)} \quad (7-7)$$

式(7-5)~式(7-7)中，T_{inj}，T_h 为注入水温度和水合物分解温度；k 为天然气水合物矿藏热传导系数；h 为天然气水合物矿藏的厚度；x 为从注入井到生产井的距离；P_w 为水相密度；C_w 为水的比热容；Q_w 为注水速率；W 为裂缝宽度；e 为单位流量；W_{eff} 为有效宽度；y 为裂缝通道的宽度，垂直于 x 方向；n 为网格序号；q 为流入天然气水合物矿藏的热量；L_1，L_2 为有限元距离注入井的最小和最大距离；G_p 为产气速率；B_h 为天然气水合物体积系数；τ 为时间步长；Φ 为天然气水合物藏孔隙度；M' 为天然气水合物分解后流体的热容。

裂缝流动模型主要考虑的储层参数包括储层厚度、孔隙度、注入温度、裂缝长度（注、采井之间的距离）。由于该模型未考虑热量向盖底层的损失，因此计算结果对注入温度非常敏感。

利用该模型进行模拟计算，图7-6所示为不同裂缝长度和天然气水合物层厚度条件下，以 4770m³/d 的注入速率注入 150°F（约44℃）的水后生产一年的气体累产量。模拟结果表明，气体产量是裂缝表面积的函数。但所有的模拟结果中，一年后气体的累积产量都低于根据能量估算的天然气水合物分解产量。即使在模拟的最好条件下，生产井产出水的温度仍高于 130°F（约54℃），热量利用率仅为16%。裂缝流动模型仅仅是计算出了天然气水合物矿藏分解产气的最低限，真实模型的产气量会高于此结果。

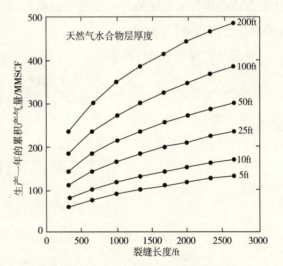

图7-6 累积产气量与裂缝长度及天然气水合物层厚度的关系

综合热力学模型来看，前缘驱替模型反映了包括注入化学剂等手段后储层可以开发的最大气量，而裂缝流动模型反映了最差的开发效果。基于这两个模型,可以确定天然气水合物矿藏开发的界限。

在选择使用前缘驱替和裂缝流动两个模型时,天然气水合物层的渗透率是关键影响因素。如果天然气水合物层渗透率较高,则前缘驱替模型更为合适;如果天然气水合物层渗透率很低,则裂缝流动模型较为合适。

3. 降压开发模型

降压开发模型需要在井中生成水力压裂裂缝(图7-7)。当井底压力降低到100~200psi(约690~1380kPa)时,天然气水合物不稳定,并且会从周围岩层中吸热而逐渐分解产生冰和气。低压气体通过高渗裂缝流入井筒,然后在地面经高压压缩进入输气管线。

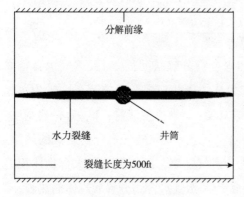

图7-7 降压模型示意图

降压开发模型为一维渗流模型,分解前缘位于压裂裂缝到天然气水合物层之间,分解产生的气从分解前缘流入裂缝。天然气水合物分解产生水和气后,体积会收缩13%,已分解区的渗透率远远大于天然气水合物层的渗透率,因而扩大了可流动空间。另外,因为分解速率远远快于热量从盖底层向天然气水合物层的传播速率,所以分解过程可以认为是绝热的过程。天然气水合物临界分解温度和相应的压力为天然气水合物藏孔隙度、流体饱和度的函数。天然气水合物分解前缘的产生受控于分解压力、井底流压和天然气水合物矿藏流动属性(孔隙度、渗透率)等参数。

降压开发模式中产气速率为:

$$G_p = \frac{k_1 T_{ref} h L(p_{ad}^2 - p_{well}^2)}{\mu Z T_{ad} p_{ref} \text{erf} \beta_1 (W X_1 t)^{1/2}} = \frac{C}{t^{1/2}} \quad (7-8)$$

式中:

$$X_1 = \frac{k_1(P_{ad} + P_{well})}{2\mu \Phi[1 - S_h(1-\varepsilon)\rho_h/\rho_{ice}]}$$

$$\beta_1 = \left(\frac{\gamma}{4X_1}\right)^{1/2}$$

基于以上计算公式,累积产气量为:

$$G_{cum} = 2Ct^{1/2} \quad (7-9)$$

可以看出,气体的采出量与生产时间的1/2次方成正比。

式(7-8)~式(7-9)中,G_p、G_{cum}分别为产气速率和累积产气量;k_1为已分解区的渗透率;T_{ad}、T_{ref}分别为绝热分解温度和参考温度,$T_{ad}=32°F$,$T_{ref}=492°F$;h为天然气水合物矿藏的厚度;L为裂缝长度;P_{ad}、P_{well}分别为分解压力和生产压力;μ为甲烷气的黏度;Z为甲烷气的压缩系数，$Z=0.9$；W 为裂缝宽度；t 为生产时间；Φ 为有效天然气水合物矿藏孔隙度；S_h 为天然气水合物的饱和度；ρ_h，ρ_{ice} 分别为天然气水合物和冰的密度；γ 为常数；ε 为天然气水合物中甲烷的质量分数。

应用降压开发模型对渗透率（已分解区和未分解区）、孔隙度、生产压力等参数进行敏感性分析，结果如图 7-8 ~ 图 7-10 所示。从图 7-8 可知，已分解区渗透率对产气量影响很大，而未分解区渗透率对产气量影响不大。许多天然气水合物矿藏在不含天然气水合物或冰时，渗透率很大

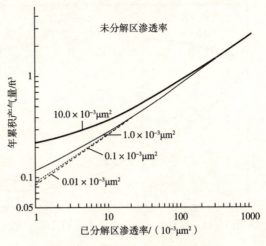

图 7-8 积累产气与渗透率的关系

（$>1000\times10^{-3}\mu m^2$），但当含有天然气水合物时，渗透率却低于 $10\times10^{-3}\mu m^2$，但仍能够满足天然气水合物的开发。图 7-9 证实了图 7-8 的结论，天然气水合物的开发主要受能量控制，而与孔隙度关系不大。图 7-10 表明，水合物的开发与生产压力有很大关系，因此为了达到最好的开发效果，生产压力应该保持在 100psi（约 690kPa）左右。

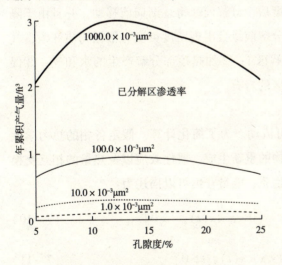

图 7-9 累积产气量与孔隙度的关系

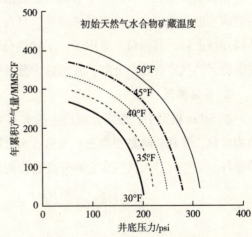

图 7-10 累积产气量与生产压力的关系
（1psi = 6.89kPa）

二、Selim 热力解析模型

1. 假设条件

Selim 热力解析模型天然气水合物分解示意图如图 7-11 所示，该模型作出了如下假设：

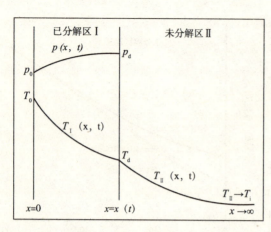

图7-11 多孔介质中天然气水合物分解示意图

(1)天然气水合物矿藏中天然气水合物均匀分布,并且分布于半无限区域($0<x<\infty$),初始温度为T_i。

(2)初始时刻天然气水合物藏内的孔隙全部充填水合物,因此岩石所占体积分数为$(1-\Phi)$。

(3)在初始时刻,边界$x=0$处温度升高到T_0,并且保持稳定。随着天然气水合物的逐渐分解,未分解区和已分解区产生界面,该界面不断向前移动$[x=x(t)]$。因此,在任意时刻$(t>0)$,已分解区Ⅰ为$0<x<x(t)$,未分解区Ⅱ为$x(t)<x<\infty$。

(4)在开发过程中,天然气水合物层的温度和压力分布可以划分为3个区:①已分解区Ⅰ某处的温度为$T_d<T_Ⅰ(x,t)<T_0$;②未分解区Ⅱ的温度分布为$T_i<T_Ⅱ(x,t)<T_d$;③在已分解区Ⅰ,气体压力分布为$p_0<p(x,t)<p_d$。这里,T_d和p_d分别代表分解前缘的温度和压力,并且处于天然气水合物分解的平衡状态。

当储层温度达到天然气水合物分解的温度后,分解前缘将逐渐向前移动,并且由于隔绝效应和能量的损失,速率越来越慢,且在分解前缘会出现密度突变。根据物质守恒,气体将逐渐上移,其热量主要用于:①加热分解区Ⅰ;②加热顶部分解产生的水和气;③促使前缘天然气水合物的分解;④加热未分解区的岩石。

2. 基础模型

在Selim模型中,假定分解产生的水不可流动。为了简化计算,假定各相的热力学性质为常数,并且忽略黏性指进、天然气水合物的重新生成、惯性效应以及热量的相互交换等条件。基于此,天然气水合物开发过程的物质、能量守恒可以描述为:

$$\Phi\left(\frac{\partial \rho_g}{\partial t}\right)+\frac{\partial(\rho_g u)}{\partial x}=0 \quad [0<x<x(t), t>0] \quad (7-10)$$

$$u=-\frac{k}{\mu}\frac{\partial p}{\partial x} \quad [0<x<x(t), t>0] \quad (7-11)$$

$$\rho_Ⅰ C_{pⅠ}\frac{\partial T_Ⅰ}{\partial t}+\frac{\partial}{\partial x}(\rho_g C_{pg} u T_Ⅰ)=k_{hⅠ}\frac{\partial^2 T_Ⅰ}{\partial x^2} \quad [0<x<x(t), t>0] \quad (7-12)$$

$$\frac{\partial T_Ⅱ}{\partial t}=\alpha_Ⅱ\frac{\partial^2 T_Ⅱ}{\partial x^2} \quad [x(t)<x<\infty, t>0] \quad (7-13)$$

$$\rho_g=\frac{mp}{RT_Ⅰ} \quad [0<x<x(t), t>0] \quad (7-14)$$

式中,Φ为孔隙度;ρ_g为气相密度;t为时间;u为气相流速;x为轴向位置;k为渗透率;

k_h 为有效热传导率;μ 为气相黏度;P 为气相压力;C_p 为有效热容;T 为温度;α 为有效热传导系数;m 为气体摩尔质量;R 为通用气体常数;各参数中,下标 d 指分解过程,下标 g 指气体;下标 I 指已分解区。

式(7-10)和式(7-11)为分解产生的气相连续性方程和运动方程(达西定律),式(7-12)和式(7-13)分别为已分解区和未分解区的能量守恒方程,式(7-14)为气相状态方程。在已分解区的能量守恒方程中,均假设流动气体的瞬时温度与环境温度一致。

模型的边界条件和初始条件为:

$$T_I = T_0 \quad (x=0, \ t>0) \quad (7-15)$$

$$p = p_0 \quad (x=0, \ t>0) \quad (7-16)$$

$$T_I = T_{II} = T_d \quad [x=x(t), \ t>0] \quad (7-17)$$

$$F_{gh}\rho_h \frac{dx}{dt} + \rho_g u = 0 \quad [x=x(t), \ t>0] \quad (7-18)$$

$$k_{hII}\frac{\partial T_{II}}{\partial x} - k_{hI}\frac{\partial T_I}{\partial x} = \Phi \rho_h Q_{hd} \frac{dx}{dt} \quad [x=x(t), \ t>0] \quad (7-19)$$

$$p_d = \exp(A - B/T_d) \quad [x=x(t), \ t>0] \quad (7-20)$$

$$T_{II} = T_i \quad (x=\infty, \ t>0) \quad (7-21)$$

$$T_{II} = T_i \quad (0<x<\infty, \ t=0) \quad (7-22)$$

$$x(t) = 0 \quad (t=0) \quad (7-23)$$

式中,F_{gh} 为单位质量天然气水合物中气体的质量;Q_{hd} 为天然气水合物分解热;A,B 为常数。

从以上模型明显可知,未知量为 ρ_g、μ、T_I、T_{II} 和 x,根据达西定律和状态方程,可以消去 ρ_g 和 μ,因此上述各式可以变为:

$$\Phi \frac{\partial}{\partial t}\left(\frac{p}{T_I}\right) - \frac{k}{\mu}\frac{\partial}{\partial x}\left(\frac{p}{T_I}\frac{\partial p}{\partial x}\right) = 0 \quad [0<x<x(t), \ t>0] \quad (7-24)$$

$$\rho_I C_{pI}\frac{\partial T_I}{\partial t} - C_{pg}\frac{km}{\mu R}\frac{\partial}{\partial x}\left(p\frac{\partial p}{\partial x}\right) = k_{hI}\frac{\partial^2 T_I}{\partial x^2} \quad [0<x<x(t), \ t>0] \quad (7-25)$$

$$F_{gh}\Phi\rho_h \frac{dx}{dt} - \frac{kmp}{\mu R T_I}\frac{\partial p}{\partial x} = 0 \quad [x=x(t), \ t>0] \quad (7-26)$$

简化后,未知量变为 p、T_I、T_{II} 和 x。应用初始条件,即可进行求解。结果表明,分解前缘为常温边界,并且其移动速率与时间的平方根成正比。

3. 数值模拟计算结果讨论

利用 Selim 热力解析模型进行数值模拟计算,模型计算所需储层参数如表7-2所示。分别模拟两个模型的温度和压力分布,模型 I 为:$T_0=563.5K$,$P_0=7.5MPa$,$T_i=275K$;模型 II 为 $T_0=450K$,$p_0=10MPa$,$T_i=280K$。两个模型分别代表了饱和蒸汽激励开发和热水激励开发。计算结果如图7-12和图7-13所示。

表 7-2 分解模型中的储层参数

参数	数值
孔隙度	0.3
渗透率/μm^2	1.38×10^9
分解区热扩散系数/($\mu m^2/s$)	2.89×10^6
未分解区热扩散系数/($\mu m^2/s$)	6.97×10^4
分解区热传导系数/[W/(m·K)]	5.57
未分解区热传导系数/[W/(m·K)]	2.73
天然气水合物密度/(kg/m)	913
天然气水合物分解热/(J/kg)	$215.59 \times 10^3 - 394.945T(248K < T < 273K)$ $446.12 \times 10^3 - 132.683T(273K < T < 298K)$
气体热容/[J/(kg·K)]	$1.23879 \times 10^3 + 3.1303T + 7.905 \times 10^{-4}T^2 - 6.858 \times 10^{-7}T^3$

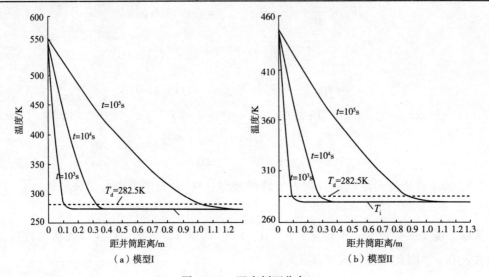

图 7-12 温度剖面分布

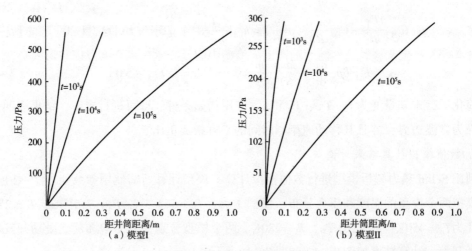

图 7-13 压力剖面分布

通过模拟手段进行了参数敏感性分析，结果表明：

（1）已分解区热对流和热传导速率越快，未分解区热对流和热传导速率越慢，天然气水合物分解速率越快。

（2）分解速率与多孔介质渗透率和气相黏度密切相关。

（3）孔隙度越大，天然气水合物分解速率越快。

为对热激励方式开发天然气水合物矿藏进行评价，定义热量产出/注入比（F_E），其表达式为：

$$F_E = \frac{G_p Q_g}{Q} \qquad (7-27)$$

式中，G_p 为到 t 时刻的总产气量；Q_g 为气体内能；Q 为到 t 时刻的总注入的热量。

式（7-27）中，

$$G_p = 0.17664 \Phi \rho_h x(t) \qquad (7-28)$$

$$Q = \int_0^t u_h(0,t)\mathrm{d}t \qquad (7-29)$$

$$u_h(0,t) = -k_{hI}\left(\frac{\partial T_I}{\partial x}\right)\bigg|_{x=0} = \frac{k_{hI}}{(\pi\alpha_{II}t)^{1/2}}a(T_0-T_d)\frac{\exp(-b^2)}{\mathrm{erf}(a\xi+b)-\mathrm{erf}b} \qquad (7-30)$$

式中，μ_h 为热流量；ξ 为距井筒距离；a，b，c，d，A，B 均为常数。

F_E 与时间无关，仅取决于储层参数、边界条件和初始条件。在模型研究的参数范围内，F_E 约为 6.2~11.4。

三、Holder 三维单相气体模型

Holder 等于1982年建立了天然气水合物三维单相气体开发数学模型。该模型应用有限差分方法进行求解，可以模拟与常规气藏相邻的天然气水合物层中的气体产出。该模型首先开发常规气藏，随着生产过程中气藏压力的降低，气藏与天然气水合物矿藏界面处的压力降低，促使天然气水合物分解。Holder 的模型中考虑了气相的质量守恒和能量守恒，但没有考虑天然气水合物分解时水的产出。模型中假设天然气水合物以固态形式存在，开发过程中必须首先转换为气体和水，因此，对于天然气水合物的分解以下式表示：

$$CH_4 \cdot 6H_2O(s) \longrightarrow CH_4(g) + 6H_2O(l)$$

反应式表示 1mol 天然气水合物由 1mol 的气和 6mol 的水组成。研究表明，每摩尔天然气水合物分解需要 41.868~83.736kJ 的能量，因此，如果对天然气水合物矿藏加热，则热损失较大。该模型建立了一个双层模型，天然气水合物位于气层的上部，且不可压缩，天然气水合物的分解在两层的界面发生（图7-14）。研究还作了以下假设：

（1）天然气水合物矿藏中心有一口气井生产，该井在气层射开，以定产气速率 2.5MMSCFD（1MMSCFD = $1 \times 10^6 \mathrm{ft}^3/\mathrm{d}$）生产。

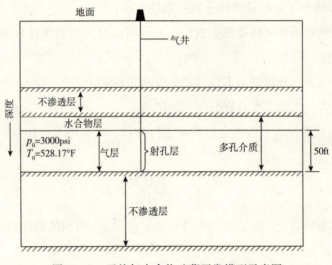

图 7-14 天然气水合物矿藏开发模型示意图

(2)随着天然气水合物的分解,在天然气水合物—气层界面产生的甲烷气不断向气层补充。

(3)在气层中气体的流动是以生产井为中心的径向流,不考虑压力随深度的变化。

(4)天然气水合物—气层界面任意一点的温度为该点压力所对应的天然气水合物分解的临界温度,由于压力分布与距井的距离有关,因此温度分布也与距井的距离有关。

(5)热量的传播途径仅考虑热传导。

(6)不考虑天然气水合物分解产生的水对气体流动产生的影响。

(7)天然气水合物的分解仅发生在天然气水合物—气层界面,天然气水合物层内部没有渗透性,不发生分解。

(8)天然气水合物—气层界面移动非常缓慢,温度剖面保持稳定。

以上假设条件会影响天然气水合物分解产气速率,但该模型的提出是为了估算天然气水合物矿藏总的产气量,因此所有的假设条件并未影响总产气量的估算。

1. 模型建立

1)压力分布模型

气层中压力的分布可以表示为:

$$\nabla \cdot \frac{K(\nabla p)}{\mu B} + Q = \frac{\mathrm{d}(\Phi/B)}{\mathrm{d}t} \qquad (7-31)$$

模型边界条件为:

$$\frac{\partial p}{\partial x} = 0, \quad \frac{\partial p}{\partial y} = 0, \quad \frac{\partial p}{\partial z} = 0 \qquad (7-32)$$

式中,p 为压力;K 为渗透率;μ 为黏度;Φ 为孔隙度;B 为体积压缩系数;Q 为天然气水合物分解产生气量;t 为时间。

2)温度分布模型

天然气水合物层下部的温度分布方程为:

$$\nabla^2 T = \frac{1}{\alpha}\frac{\partial T}{\partial t} \quad (7-33)$$

天然气水合物—气层界面的温度为该点压力所对应的平衡温度(T^*),即:

$$T = T^* \quad (z = 0) \quad (7-34)$$

为了计算温度剖面,模型扩展到气层下界面,总的厚度为 D_t,即:

$$\frac{\partial T}{\partial z} = 0 \quad (z = D_t) \quad (7-35)$$

式中,T 为温度;α 为热扩散系数;z 为深度。

3)天然气水合物分解模型

天然气水合物分解界面的分解速率取决于能量平衡。实际上,热量的传播速率取决于温度梯度,即:

$$\frac{q}{2} = \frac{k\partial T}{\partial z} = \frac{\Delta H_D}{2}\frac{m_h}{A} \quad (7-36)$$

式中,k 为天然气水合物矿藏热传导系数;ΔH_D 为每摩尔天然气水合物分解所需的焓;m_h/A 为单位面积(A)上天然气水合物的分解速率;q 为热量传播速率。

利用有限差分法对模型进行求解,可求得压力和温度的分布。

2. 数值模拟计算结果

利用该模型计算了天然气水合物矿藏开发 1000d 的总产气量,模型参数如表 7-3 所示。图 7-15 为天然气水合物层分解的气量占总产出量的比例,两条曲线分别为瞬时值和累积值。可以看出,气井瞬时产量和累积产气量中天然气水合物分解产生的气量所占的比例随时间逐渐增加。这主要是由于随着开发的进行,平均地层压力降低,天然气水合物—气层界面温度降低,而温度越低,流入热量越多,天然气水合物分解速率越快。由此可知,与天然气水合物层临近的常规气藏对产气量有重要影响。

表 7-3 模型参数表

模型参数	数值
模型面积/ft²	11088900
模型厚度/ft	100
气体厚度/ft	50
天然气水合物层厚度/h	50
初始压力/psi	3000
初始温度/°F	68.5
孔隙度/%	15

续表

模型参数	数值
气体组分	100%(甲烷)
渗透率/$10^{-3}\mu m^2$	44
产气速率/MMSCFD	2.5
热传导系数/[kcal/(ft·h·°R)]	0.3932
热扩散率/(ft²/d)	0.65
初始气储量/10^{11}SCF	2.078

图 7-16 和图 7-17 分别为生产1000d 后的温度和压力分布剖面。可以看出，由于天然气水合物分解吸热，距离天然气水合物—气界面越近，温度越低。值得注意的是，天然气水合物层的温度剖面变化并不大；而从压力剖面上来看，气层中形成了以气井为中心的"压力漏斗"。从图 7-18 天然气水合物分解速率剖面来看，气井周围天然气水合物分解得较快。

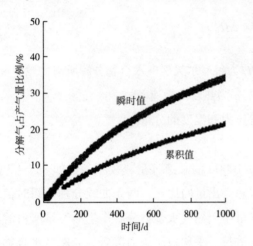

图 7-15 水合物分解气占总产气量的体积分数

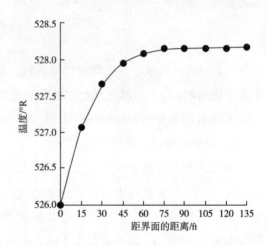

图 7-16 井筒附近温度图

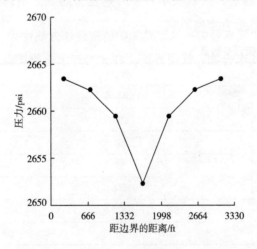

图 7-17 压力分布图

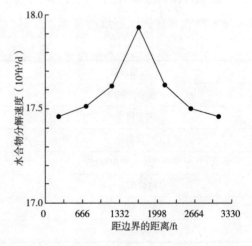

图 7-18 分解速率图

四、Burshears 三维气水两相模型

与 Holder 模型类似，该模型用来模拟与常规气藏相邻的天然气水合物的分解，但它没有考虑天然气水合物分解的动力学过程。该模型中天然气水合物分解三相平衡及分解机理如图 7-19 所示，在曲线的上部，天然气水合物为稳定存在状态，但在曲线下侧自由气和水或冰共同存在。图中纵向代表降压过程，横向代表升温过程。天然气水合物矿藏模型示意图如图 7-20 所示。

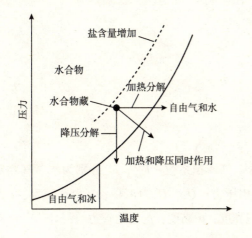

图 7-19 天然气水合物相平衡及分解机理示意图　　图 7-20 天然气水合矿物藏模型示意图

天然气水合物开发过程是一个非常复杂的过程，因此需要设置一定的假设条件：

(1) 模型中心只有一口产气井，该井在气藏段射开，气体产量为定产气；

(2) 气层中的流动是以生产井为中心的径向流；

(3) 天然气水合物—气层界面上任意一点的温度为该点压力所对应的平衡温度，但这并不代表温度剖面为常数，温度分布与压力分布的变化一致；

(4) 天然气水合物层及气藏内热量向天然气水合物—气层界面的传播途径为热传导；

(5) 天然气水合物的分解仅发生在天然气水合物—气层界面，在天然气水合物矿藏内部不具有渗透性，因此不发生分解；

(6) 天然气水合物—气层界面向顶部的移动非常缓慢，热量的传播能够保持其稳定存在；

(7) 考虑了分解水的流动。

1. 模型建立

1) 压力、温度分布模型

该模型是根据天然气水合物开发过程中物质和能量守恒定律建立起来的，模型中主要涉及的变量为含气饱和度、含水饱和度、气相压力、水相压力和温度，并分别表示为时间

的函数。可利用有限差分方法，通过隐式求解。

模型中三维气、水两相流动可描述为：

$$\nabla \cdot \left[\frac{KK_{rw}}{\mu_w B_w}(\nabla p_w - \rho_w gz) \right] + Q_w = \frac{\partial(\Phi S_w/B_w)}{\partial t} \quad (7-37)$$

$$\nabla \cdot \left[\frac{KK_{rg}}{\mu_g B_g}(\nabla p_g - \rho_g gz) \right] + Q_g = \frac{\partial(\Phi S_g/B_g)}{\partial t} \quad (7-38)$$

辅助方程：

$$\begin{cases} S_w + S_g = 1 \\ p_w + p_e = p_g \end{cases} \quad (7-39)$$

定压边界条件为：

$$\frac{\partial p_w}{\partial x} = \frac{\partial p_w}{\partial y} = \frac{\partial p_w}{\partial z} = 0 \quad (7-40)$$

初始条件为：

$$p(x,y,z,t_0) = p_i(x,y,z) \quad (7-41)$$

式(7-37)~式(7-41)中，B_w，B_g 分别为水、气体积系数；K_{rw}，K_{rg} 分别为水、气相对渗透率；K 为渗透率；p_w，p_g 分别为水相、气相压力；Q_w，Q_g 为汇项；Φ 为孔隙度；t 为时间；ρ 为密度；S_w，S_g 分别为水相、气相的饱和度；μ 黏度；p_e 为毛管力。

温度分布模型可以描述为：

$$\nabla^2 T = \frac{1}{\alpha}\frac{\partial T}{\partial t} \quad (7-42)$$

边界条件为：

$$\begin{cases} T(x,y,z=0,t) = T^* \\ \frac{\partial T}{\partial z}\Big|_{D_t} = 0 \end{cases} \quad (7-43)$$

式中，T 为温度；a 为热扩散系数。

初始条件为：

$$T(x,y,z,t_0) = T_i(x,y,z) \quad (7-44)$$

式中，$z=0$ 为天然气水合物—气层界面；T^* 为任意点压力所对应的平衡温度，无限远 D_t 处的温度为定值；T_i 为初始时刻。

2) 天然气水合物分解模型

天然气水合物的分解需要打破其稳定存在的条件。在一定的温度下，天然气水合物临界压力为其生成天然气水合物的最小压力。Holder等通过实验建立了天然气水合物稳定存在的临界温度压力关系模型：

$$P = (a + b/T) \quad (7-45)$$

式中，a，b 为实验常数。

在该式中，a 和 b 取决于气体类型和温度范围。对于混合气体生成的天然气水合物，式(7-45)可表达为：

$$\ln \frac{p}{p_0} = \sum (A_i x_i + B_i x_i^2) \tag{7-46}$$

式中，P_0 为给定温度下天然气水合物分解的临界压力；x_i 为非甲烷组分气体的物质的量分数；A_i，B_i 为二元系数，取决于气体类型和温度范围。

类似地，单种气体水合物分解的热焓表达式为：

$$H_D = c + dT \tag{7-47}$$

式中，H_D 为分解热焓；T 为绝对温度；c，d 为实验常数。

对于由混合气体组成的水合物，其分解热焓表达式为：

$$\ln \frac{H_D}{H_{D_0}} = \sum (A_i x_i + B_i x_i^2) \tag{7-48}$$

式中，H_D，H_{D_0} 分别为混合气体水合物和单种气体水合物在相同温度和压力下的分解热焓。

2. 数值模拟计算结果

利用 Burshears 模型计算了天然气水合物矿藏参数和生产参数对开发效果的敏感性影响，结果如图 7-21 所示。从图中可以看出，即使没有额外能量的补充，天然气水合物也可以分解产出；随着开发的进行，天然气水合物矿藏本身具有的能量可以提供天然气水合物分解所需的热量。孔隙度、渗透率、厚度越大，产气量越大。

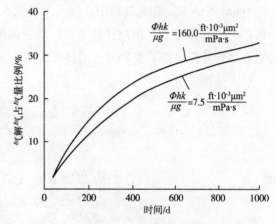

图 7-21 孔隙度、渗透率、厚度的影响图

五、Yousif 一维三相数值模拟器

Yousif 模型用来模拟 Berea 岩心在实验室内的降压生产过程，主要计算产气量与天然气水合物分解前缘的位置，数值模拟计算结果与实验室实验结果吻合较好。

1. 模型建立

为了简化计算，模型仅考虑降压过程，认为天然气水合物分解过程是等温变化的。基于此假设，流动方程为：

$$\frac{\partial (\rho_g V_g)}{\partial x} + \dot{m}_g = \frac{\partial (\Phi \rho_g S_g)}{\partial t} \tag{7-49}$$

$$\frac{\partial (\rho_w V_w)}{\partial x} + \dot{m}_w = \frac{\partial (\Phi \rho_w S_w)}{\partial t} \tag{7-50}$$

$$-\dot{m}_h = \frac{\partial(\Phi\rho_h S_h)}{\partial t} \qquad (7-51)$$

式中，ρ 为相密度；v 为相流速；$-\dot{m}_h$ 为由于降压作用单位体积天然气水合物分解的质量速率；$\dot{m}_g$、$\dot{m}_w$ 为天然气水合物分解产生的气和水的质量速率；Φ 为孔隙度；S 为相饱和度；t 为时间；x 为距离。

$-\dot{m}_h$、$\dot{m}_g$、$\dot{m}_w$ 三者之间的关系为：

$$\begin{cases} \dot{m}_h = \dot{m}_g + \dot{m}_w \\ \dot{m}_g = \dot{m}_h \dfrac{M_g}{n_h M_w + M_g} \end{cases} \qquad (7-52)$$

式中，M 为组分的摩尔质量；n_h 为水合指数。

模型中气体从天然气水合物中分解的速率符合 Kim-Bishnoi 模型，因而有：

$$\dot{m}_g = k_d A_s (p_e - p) \qquad (7-53)$$

式中，k_d 为反应速率常数；A_s 为反应比面；p_e 为反应临界压力；p 为系统压力。

Yousif 等认为，在此过程中，随着天然气水合物的分解，气相和水相在孔隙中所占的比例（Φ_{wg}）逐渐增加，因此孔隙中可流动空间的渗透率（K）相应发生变化。根据 Berea 砂岩岩心实验数据得到了 K 和 Φ_{wg} 的经验关系。

引入达西定律：

$$v_x = -\frac{KK_r}{\mu}\frac{\partial p}{\partial x} \qquad (7-54)$$

得：

$$\frac{\partial}{\partial x}\left(\frac{\rho_w KK_{rw}}{\mu_w}\frac{\partial p_w}{\partial x}\right) + \dot{m}_w = \frac{\partial}{\partial t}(\Phi\rho_w S_w) \qquad (7-55)$$

$$\frac{\partial}{\partial x}\left(\frac{\rho_g KK_g}{\mu_g}\frac{\partial p_g}{\partial x}\right) + \dot{m}_g = \frac{\partial}{\partial t}(\Phi\rho_g S_g) \qquad (7-56)$$

$$\dot{m}_h = \frac{\partial}{\partial t}(\Phi\rho_h S_h) \qquad (7-57)$$

辅助条件为：

$$\begin{cases} S_g + S_w + S_h = 1 \\ p_c(s_w) = p_g - p_w \end{cases} \qquad (7-58)$$

式（7-55）~式（7-57）中有 5 个未知量：p_g、p_w、S_g、S_w 和 S_h。

初始条件（$t<0$，$0 \leq x \leq L$）：

$$\begin{cases} p = p^0 \\ S_h = S_h^0 \\ S_w = S_w^0 \\ S_g = S_g^0 \end{cases} \qquad (7-59)$$

边界条件：

$$\begin{cases} p(0,t) = p_0 & (x=0, t \geq 0) \\ \dfrac{\partial p(L,t)}{\partial x} = 0 & (x=L, t \geq 0) \end{cases} \quad (7-60)$$

通过有限差分法对模型进行求解，可求得压力和饱和度参数。

2. 模拟结果

利用 Yousif 模型进行数值模拟计算，模拟的初始条件和边界条件如表 7–4 所示。图 7–22 ~ 图 7–25 为 t = 10min、50min 和 85min 时的压力和饱和度分布图。从图 7–22 可以看出，在天然气水合物分解的前缘处压力出现突变；在前缘的后端，天然气水合物、气相和水相的饱和度没有发生变化；在前缘的前端，压力与出口端压力保持一致，在此区域内，天然气水合物的分解由动力学性质和压力梯度决定。

表 7–4 模型模拟的初始条件和边界条件

参数	数值
网格数	50
模型长度/cm	15
截面积/cm²	11.4
渗透率/$10^3 \mu m^2$	10×10^{-6}
温度/K	274
初始压力/MPa	3.17
孔隙度/%	18.8
初始含水饱和度/%	17.0
初始天然气水合物饱和度/%	42.76
p_e/MPa	2.84
p_o/MPa	2.495
K_d/[kmol/(m²·Pa·s)]	4.4×10^{-16}
μ_w/(mPa·s)	1
C_w/Pa	6.9×10^{-6}

图 7–23 为天然气水合物的分解前缘在岩心中的分布，天然气水合物分解前缘处 $S_h = S_h^0$。图 7–24 所示为不同时刻气体饱和度分布图，从图中可以看出，气体饱和度呈倒"S"形分布。初始含气饱和度变化是由初始绝对渗透率决定的，此时，天然气水合物占据了大部分孔隙空间，分解产生气体的速率非常快。在图 7–24 中，85min 对应的曲线出现了最大含气饱和度(80%)，与图 7–25 中束缚水饱和度 20% 相对应。

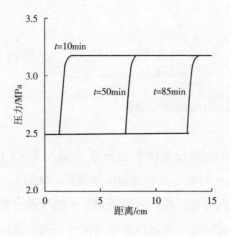
图 7-22 压力分布图

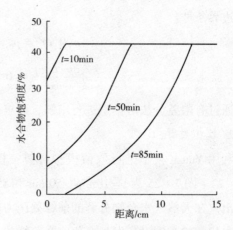
图 7-23 天然气水合物饱和度分布图

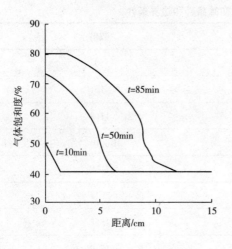
图 7-24 气体饱和度分布图

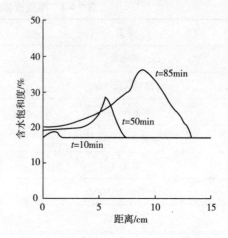
图 7-25 含水饱和度分布图

　　图 7-23 和图 7-24 中的天然气水合物和气相饱和度都可以解释图 7-25 中的含水饱和度曲线变化。气体在天然气水合物分解前缘的产出速率非常快,在分解前缘附近,压力迅速从平衡压力降低到出口端压力;分解产出的气体迅速占据孔隙空间,将分解水挤出,形成含水饱和度的前缘(图 7-25)。较大的含气量驱替多孔介质中的水,直到达到束缚水状态。从结果中可以看出,天然气水合物分解产生了大量的水。图 7-26 和图 7-27 分别表示随着天然气水合物的分解,绝对渗透率和孔隙度的变化情况。图 7-27 表示分解前缘随时间的线性变化。图 7-29 和图 7-30 分别为累积产气量和累积产水量随时间的变化。

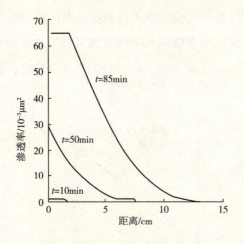

图 7-26 绝对渗透率变化图

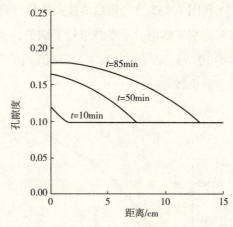

图 7-27 可流动孔隙度变化图

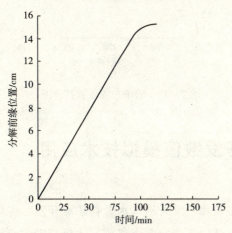

图 7-28 水合物分解前缘变化图

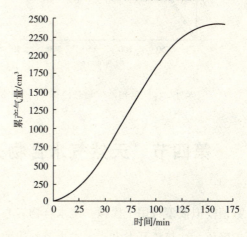

图 7-29 累积产气量随时间变化图

3. 与实验的拟合

利用天然气水合物岩心实验装置,在 Berea 砂岩岩心中(长 15.2cm,直径 1.3cm)生成天然气水合物。岩心绝对渗透率为 $100 \times 10^{-3} \mu m^2$,孔隙度为 0.188。岩心周围以隔热套封闭,并且加围压。注入端以 173kPa 压力注入气和水。两个压力传感器测量入口和出口的压力,系统温度保持为 273.7K。

实验过程中,首先在一定条件下在岩心中生成天然气水合物,然后确定出口端压力,促使天然气水合物分解,测量产气量和产水量。

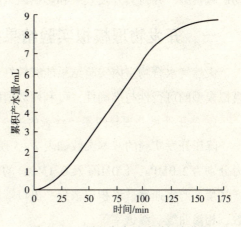

图 7-30 累积产水量随时间变化图

图 7-31 和图 7-32 为利用数值模拟软件计算结果与实验结果所得的拟合图。在拟合过程中对分解速率常数(k_d)等参数进行了调整,反应速率常数从 Kim 等在纯天然气水合物实验中测定的 10^{-11} kmol/(m²·Pa·s) 降低到 10^{-16} kmol/(m²·Pa·s)。从图中可以看出,数值模拟拟合效果较好。

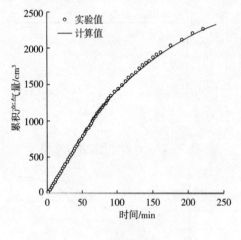

图 7-31 累积产气量拟合图　　　图 7-32 分解前缘位置拟合图

第四节　天然气水合物开发数值模拟技术应用

数值模拟模型可用于模拟一维水合物岩心实验和三维天然气水合物矿藏开发,也可用于模拟降压、注热等开发方式。本小节利用数值模拟模型对室内降压、注热开发实验结果进行拟合计算,在此基础上分析不同参数对开发效果的影响,最后建立了多种天然气水合物矿藏模型,并对其开发效果和影响因素进行了分析。

一、开发物理模拟实验结果拟合

天然气水合物室内实验结果能够较好地反映天然气水合物的开发规律。为了验证数值模拟模型的可行性与准确性,可利用数值模拟软件对实验数据进行拟合。

1. 降压开发物理模拟实验结果的拟合

降压开发实验的基本参数如表 7-5 所示。本小节拟合了不同降压幅度(即最终出口压力分别为 2.0MPa、1.0MPa 及 0.1MPa)的 3 组实验结果。主要拟合参数有产气速率、累积产气量、产水速率、累积产水量、出口端压力等,主要调整参数有反应速率常数、压缩系数、相渗曲线、渗透率等。

表7-5 降压开发实验基本数据表

参数	数值
模型长度/cm	50
模型截面积/cm²	11.3
渗透率/μm²	1.1
孔隙度/%	32.8
各次实验的初始温度/K	274.3，274.19，275.23
各次实验的初始压力/kPa	3.663，3.535，3.584
初始天然气水合物饱和度/%	20.93，21.83，25.44
初始含天然气水饱和度/%	29.62，29.61，19.25
天然气水合物密度/(g/cm)	0.919
水密度/(g/cm)	1.0
甲烷气密度/(g/cm)	0.0015

图 7-33 为实验拟合所采用的相渗曲线及毛管力曲线，由图可见渗透率随天然气水合物饱和度的变化，渗透率下降指数 $N=7$。

图 7-34 ~ 图 7-36 为降压开发数值模拟拟合曲线，主要拟合了出口压力、产气速率、累积产气、累积产水量等参数。拟合过程中，采用定压生产，逐步降低出口压力，促使天然气水合物分解。图 7-34 为最终出口压力 (p_{wf}) 为 2.0MPa、1.0MPa 及 0.1MPa 时的压力拟合曲线。从图中可以看出，出口压力逐渐降低，直至达到模型控制的压力为止，拟合计算的数据和实验数据吻合较好。

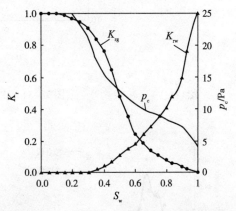

图 7-33 实验拟合采用的相渗曲线及毛管力曲线

图 7-35 为 3 个控制压力下的产气速率拟合曲线。从图中可以看出，随着实验的进行，产气速率首先逐渐增大，直至最高值，然后随着天然气水合物饱和度的降低，产气速率也不断减小，直至为零。

图 7-36 为 3 个控制压力下的累积产气量和累积产水量拟合曲线。从图中可以看出，开始阶段由于反应速率快，累产量增加也快，后期由于天然气水合物饱和度减小，产量降低，累产量变得平缓。对比 3 种情况下的累产量图可知，当出口压力分别控制为 2.0MPa、1.0MPa 及 0.1MPa 时，最终累积产气量分别为 4128cm³、11504cm³ 及 13287cm³，最终累积产水量分别为 43.5cm³、46.8cm³ 及 35.0cm³，计算结果与实验结果基本一致，并且最终累产量与天然气水合物岩心生成时所用气、水量接近。

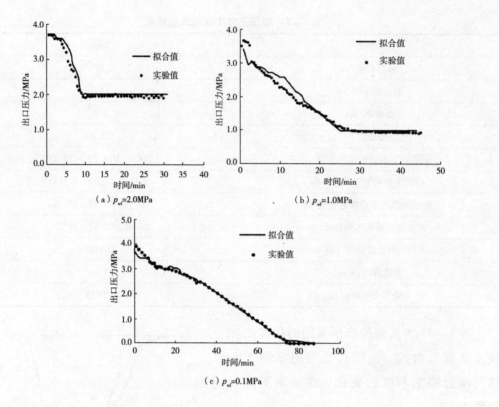

图 7-34 出口压力拟合曲线

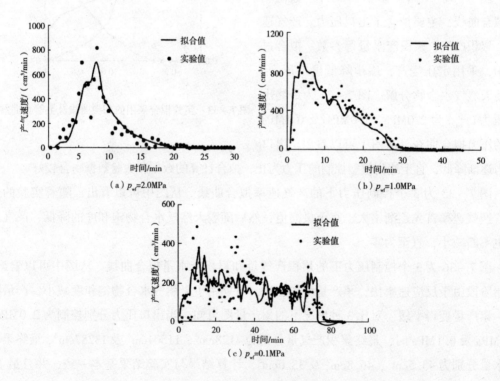

图 7-35 产气速率拟合曲线

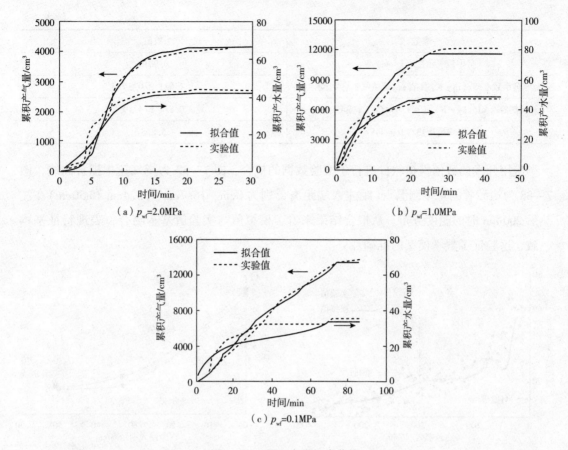

图7-36 累积产量拟合曲线

2. 注热开发物理模拟实验结果的拟合

对注热开发物理模拟实验结果进行了拟合，实验的基本参数如表7-6所示。

表7-6 注热开发实验基本数据表

参数	数值
模型长度/cm	50
模型截面积/cm²	11.34
渗透率/μm^2	1.1
孔隙度/%	32.8
各次实验的初始温度/K	274.37
各次实验的初始压力/kPa	3600
初始天然气水合物饱和度/%	22.41
初始含水饱和度/%	45.07
天然气水合物密度/(g/cm)	0.919
水密度/(g/cm)	1.0

续表

参数	数值
甲烷气密度/(g/cm)	0.0016
导热系数/[W/(m·K)](岩石/天然气水合物/水)	1.6/1.2/0.55
比热容/[kJ/(kg·K)](岩石/天然气水合物/水)	0.8/1.6/4.19
甲烷反应热/(J/mol)	5.858

应用开发的数值模拟软件进行了实验数据的拟合，图7-37为产气速率拟合曲线，图7-38为填砂管的4个测温点（距注入端距离分别为0cm、16.7cm、33.4cm和50cm）在注热后200min时的温度分布。从拟合结果来看，模拟值与实验值基本吻合，表现特征基本一致，这验证了数学模型的准确性。

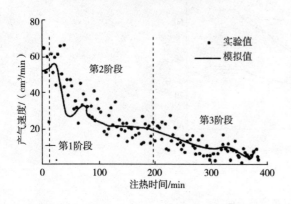 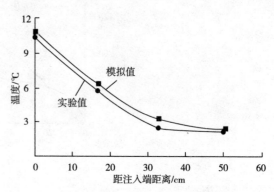

图7-37 产气速率拟合曲线　　　　图7-38 温度分布拟合曲线(200min)

从图7-37可以看出，注热开发可以分为3个阶段：

第1阶段：注热开发初始阶段，产气量较高。该阶段反映的是填砂管中自由气被排出、天然气水合物还没有开始大量分解的过程，大约持续8min。

第2阶段：产气速率略有上升，然后降低并稳定在20cm³/min左右。该阶段反映了注入热水后，填砂管温度升高，天然气水合物开始大量分解，并保持一定的分解速率。该阶段产气速率主要受注热水速率及天然气水合物分解速率影响，大约持续190min。

第3阶段：产气速率缓慢降低。该阶段表明注热水前缘已经到达填砂管出口端，天然气水合物饱和度随着反应的进行而不断降低，反应量减少，产气速率逐渐降低。从拟合数据来看，计算值与实际值基本吻合，曲线表现特征基本一致。这体现了注热水开发模拟计算的可靠性。

从温度分布来看（图7-38），第2阶段结束时（注热200min），沿填砂管注入端到出口端温度逐渐降低，但第3和第4个测温点的温度比较接近。应用数值模拟软件计算注热200min时填砂管中剩余天然气水合物饱和度分布（图7-39）。从图中可以看出，随着注热水前缘的推进，天然气水合物不断分解，在距注入端35cm处形成饱和度的突变，即分解前缘，注入端一侧天然气水合物大部分已经分解，出口端一侧天然气水合物分解较少，饱和度较高。

结合图7-38和图7-39进行分析，在注入端天然气水合物已分解区域，温度线性降低，而在未分解区域或正在分解区域温度稳定在2.8℃。因此，可以认为在目前压力条件下（3.6MPa），天然气水合物的临界分解温度为2.8℃，这一结果与Wornno S. 在多孔介质中测得的结果一致。

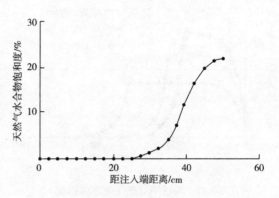

图7-39 剩余水合物饱和度分布图(200min)

二、参数敏感性分析

天然气水合物开发过程中，许多因素对开发效果都有很大的影响。为了弄清这些因素对开发效果的影响，通过数值模拟软件进行参数的敏感性分析。

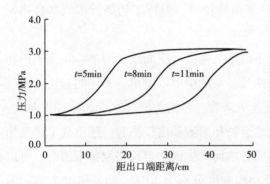

图7-40 天然气水合物分解前缘压力分布图

1. 降压开发参数敏感性分析

天然气水合物降压开发存在一个分解前缘，分解前缘处的压力为天然气水合物分解临界压力，在分解前缘出口端一侧为分解区域，入口端一侧为未分解区域（图7-40）。在降压开发物理模拟实验结果拟合基础上，利用数值模拟手段，通过分析不同参数下前缘位置移动速率及产气速率的变化，可分析各参数对生产的影响。

1）渗透率

这里的渗透率是指天然气水合物饱和度为0时多孔介质的渗透率。渗透率反映多孔介质的渗流能力，是影响天然气水合物分解产物流动速率的重要因素。分别取渗透率为$50 \times 10^{-3} \mu m^2$、$100 \times 10^{-3} \mu m^2$和$150 \times 10^{-3} \mu m^2$，模拟3种不同渗透率条件下的生产结果。图7-41为不同渗透率条件下的产气速率变化曲线。从图中可以看出，渗透率对产气速率的影响很大，渗透率越大，产气速率越大，但生产时间也越短。

图7-42为不同渗透率条件下天然气水合物分解前缘位置变化曲线。从图中可以看出，在分解前缘推进到岩心模型的中部前，分解前缘的移动与时间几乎呈线性关系；渗透率$50 \times 10^{-3} \mu m^2$、$100 \times 10^{-3} \mu m^2$和$150 \times 10^{-3} \mu m^2$对应的前缘位置移动到出口端的时间分

别为19.09min、11.05min和6.55min，渗透率越大，多孔介质的渗流能力越强，前缘位置移动速率越快。

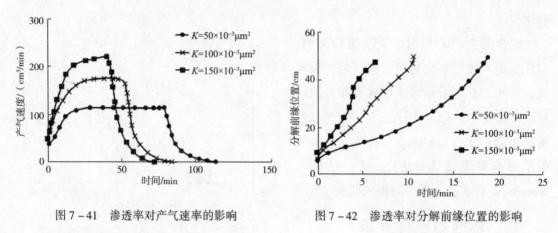

图7-41 渗透率对产气速率的影响　　图7-42 渗透率对分解前缘位置的影响

2）初始天然气水合物饱和度

自然界中天然气水合物矿藏的初始饱和度各不相同，单位体积岩石中所含的天然气水合物量不同，孔隙的渗流能力也不同。通过数值模拟方法，分别研究了初始天然气水合物饱和度为30%、40%和50%时的产气速率和分解前缘位置，分析了初始天然气水合物饱和度对开发效果的影响。

图7-43为不同初始天然气水合物饱和度下的产气速率变化曲线，图7-44为不同初始天然气水合物饱和度下的分解前缘位置变化曲线。从图中可以看出，不同的初始天然气水合物饱和度，生产规律有很大差异。从产气速率来看，初始天然气水合物饱和度越大，初始渗流能力越小，产气速率越小；当天然气水合物初始饱和度较高时，还出现了产气速率的振荡现象，这是由于在较低渗透率下网格的影响而产生的，当网格取得很密时，可以避免这一现象。从分解前缘来看，天然气水合物饱和度分别为30%、40%和50%时，前缘到达出口端的时间分别为0.35min、11.05min和119.0min。

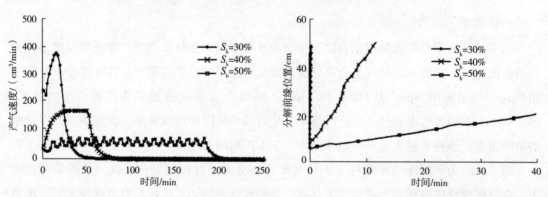

图7-43 天然气水合物饱和度对产气速率的影响　　图7-44 天然气水合物饱和度对分解前缘的影响

3）出口压力

不同的出口压力对天然气水合物分解也有影响。分别对出口压力为 0.1MPa、1.0MPa 和 2.0MPa 时的产气速率和分解前缘位置分布进行了模拟计算，模拟结果如图 7-45 和图 7-46 所示。

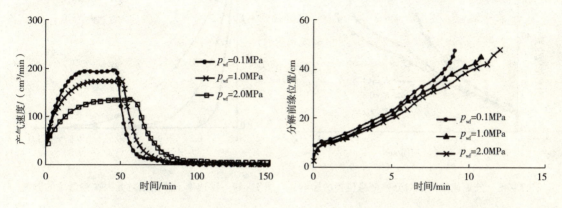

图 7-45　出口压力对产气速率的影响　　　　图 7-46　出口压力对分解前缘的影响

从产气速率来看，出口压力对生产有一定的影响，出口压力越低，产气速率峰值越大，但其开发期越短。从分解前缘位置与时间的关系曲线（图 7-46）可以看出，出口压力对岩心中压力梯度的分布有一定影响，出口压力越低，形成的压力梯度越大，天然气水合物分解越快。计算结果表明，出口压力为 0.1MPa、1.0MPa 和 2.0MPa 时，分解前缘位置到达出口端的时间分别为 9.07min、11.05min 和 12.0min。

4）分解速率常数

分解速率常数（k）反映天然气水合物分解速率的快慢，分解速率常数越大，反应越快。图 7-47 和图 7-48 分别为不同分解速率常数下的产气速率和分解前缘位置随时间的变化曲线。从两图中可以看出，分解速率常数越大，产气速率峰值越大，相应地，生产时间也越短，同时分解前缘移动速率也越快。

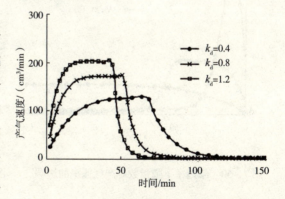

图 7-47　分解速率常数对产气速率的影响

5）渗透率下降指数

渗透率下降指数（N）由储层性质决定。渗透率下降指数不同，相同天然气水合物饱和度下的储层渗透率也不同。模拟计算了渗透率下降指数分别为 2、7 和 20 时对产气速率和分解前缘位置的影响，图 7-49 为渗透率下降指数对无因次渗透率的影响。从图中可以看出，渗透率下降指数越大，无因次渗透率下降越剧烈，在相同天然气水合物饱和度下，渗透率越低。

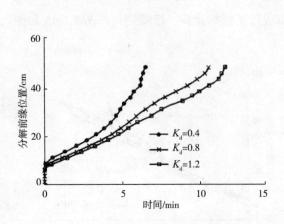 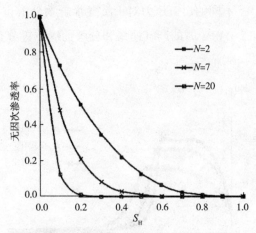

图7-48 分解速率常数对分解前缘位置的影响　　图7-49 渗透率下降指数对无因次渗透率的影响

从图7-50和图7-51可以看出，渗透率下降指数对产气速率的影响非常大。该值越小，天然气水合物储层渗流能力越强，产气速率越大，但开发时间较短，同时分解前缘移动速率越快。

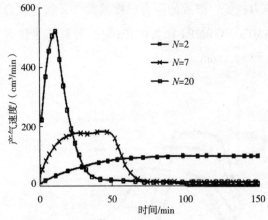 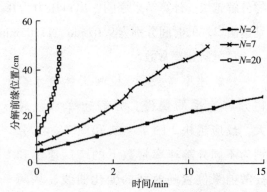

图7-50 渗透率下降指数对产气速率的影响　　图7-51 渗透率下降指数对分解前缘位置的影响

2. 注热开发参数敏感性分析

注热开发方式不仅受上述因素的影响，而且受热力学参数的影响。通过分析不同参数下产气速率以及分解前缘位置移动速率的变化，可分析有关参数对注热开发的影响。

1）天然气水合物矿藏初始温度

在注热开发物理模拟实验结果拟合基础上，分析初始温度分别为1.0℃、2.0℃和3.0℃时注热开发的生产规律。在模型其他参数相同的情况下，不同初始温度下的产气速率和分解前缘位置变化如图7-52和图7-53所示。从图中可以看出，初始温度越高，产气速率越大，天然气水合物分解前缘移动速率越快；在所用模型条件下，初始温度为1.0℃、2.0℃和3.0℃时天然气水合物分解前缘移动到出口端的时间分别是83.90min、81.31min和70.48min。

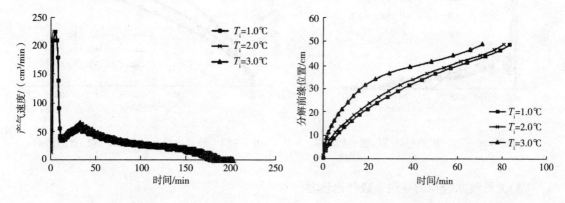

图7-52 初始温度对产气速率的影响　　　图7-53 初始温度对分解前缘位置的影响

2) 砂岩的导热系数和比热容

导热系数是表征介质对热的传播能力的参数。不同砂岩导热系数下的产气速率和分解前缘位置如图7-54和图7-55所示。从图中可以看出，砂岩导热系数越高，产气速率越大，天然气水合物分解前缘移动速率越快；在所用模型条件下，砂岩导热系数分别为2.4W/(m·K)、1.6W/(m·K)和0.8W/(m·K)时天然气水合物分解前缘移动到出口端的时间分别是60.67min、83.9min和162.45min。

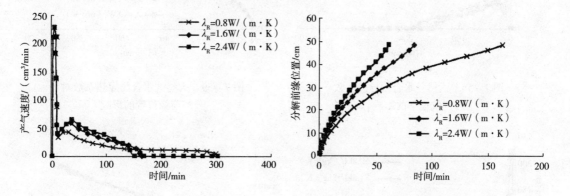

图7-54 砂岩导热系数对产气速率的影响　　　图7-55 砂岩导热系数对分解前缘的影响

比热容是单位质量物体升高1℃所需的热量。不同砂岩比热容条件下的产气速率和分解前缘位置如图7-56和图7-57所示。从图中可以看出，砂岩比热容越小，产气速率越大，天然气水合物分解前缘移动速率越快。在所用模型条件下，砂岩比热容分别为0.4kJ/(kg·K)、0.8kJ/(kg·K)和1.2kJ/(kg·K)时天然气水合物分解前缘移动到出口端的时间分别是 55.67min、83.9min 和 111.9min。

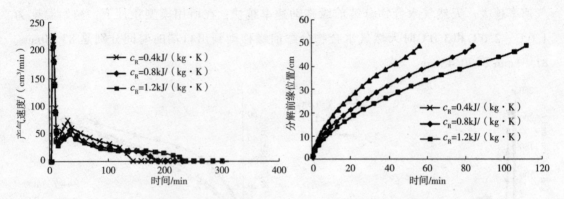

图 7-56　砂岩比热容对产气速率的影响　　图 7-57　砂岩比热容对分解前缘位置的影响

3）天然气水合物的导热系数和比热容

不同天然气水合物导热系数和比热容下的产气速率和分解前缘位置如图 7-58~图 7-61 所示。从图中可以看出，由于天然气水合物饱和度较小，其导热系数和比热容对开发效果影响较小。

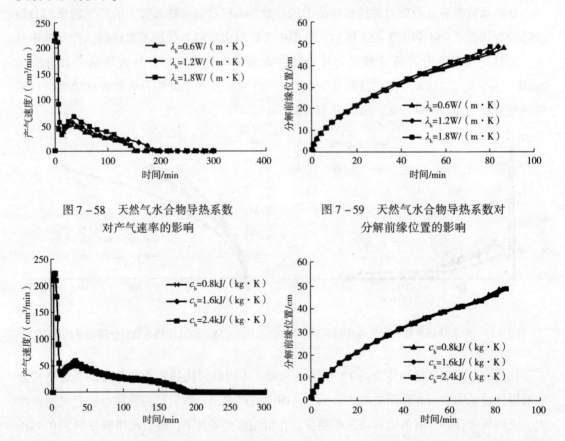

图 7-58　天然气水合物导热系数　　　图 7-59　天然气水合物导热系数对
　　对产气速率的影响　　　　　　　　　　分解前缘位置的影响

图 7-60　天然气水合物比热容对产气速率的影响　图 7-61　天然气水合物比热容对分解前缘位置的影响

三、不同类型的天然气水合物矿藏开发模拟研究

目前科研人员对于天然气水合物矿藏的成藏模式还没有形成统一的认识，但普遍认为主要有两种类型：一种是天然气水合物层下存在天然气层，天然气水合物层作为气层的盖层存在，这种类型天然气水合物矿藏的开发方式一般为首先开发下部的气层，通过降低气层和天然气水合物层界面的压力，使天然气水合物不断分解，从而达到开发天然气水合物矿藏的目的，如麦索雅哈气藏就属于这种情况；另一种是没有下伏气层存在，但天然气水合物矿藏中水合物的饱和度不算太高，储层具有一定的渗流能力，可以通过注热或降压使天然气水合物分解，从而达到开发的目的。

针对这两种类型的天然气水合物矿藏，建立了4个不同的地质模型，进行开发模拟计算。其中，两个降压模型分别为具有下伏天然气层的天然气水合物矿藏(模型Ⅰ)和无下伏天然气层的天然气水合物矿藏(模型Ⅱ)；两个考虑反应热的模型为无盖底层的天然气水合物矿藏(模型Ⅲ)和有盖底层的天然气水合物矿藏(模型Ⅳ)。

1. 具有下伏天然气层的天然气水合物矿藏模型(模型Ⅰ)

1) 地质模型的建立

假设天然气水合物层厚度为10m，划分为5个模拟层(图7-62)，地质参数如表7-7所示。

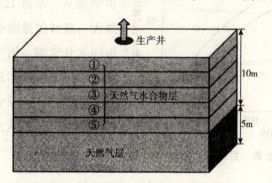

图7-62 模型Ⅰ地质模型示意图

表7-7 模型Ⅰ地质参数表

参　数	数　值
模型面积/m²	62500
天然气水合物层厚度/m	10(5×2)
气层厚度/m	5
渗透率/μm²	0.02
孔隙度/%	28
束缚水饱和度/%	20
天然气水合物层水合物饱和度/%	40

续表

参数	数值
储层自由气体积(标准)/m²	1.02×10^7
天然气水合物含气体积(标准)/m²	1.15×10^7
初始压力/kPa	7000

2) 与常规气藏开发的对比

为了研究天然气水合物矿藏的开发规律，建立了一个与模型Ⅰ地质参数相同的常规天然气藏模型，该模型中天然气水合物饱和度为0。图7-63和图7-64分别为产气速率及产气量对比曲线和储层平均压力对比曲线。从产气量规律来看，天然气水合物矿藏模型的累积产气量为 $1.5 \times 10^7 m^3$，常规气藏模型的累积产气量为 $7.91 \times 10^6 m^3$，天然气水合物矿藏的累积产气量为常规气藏的1.896倍，天然气水合物矿藏的产气速率和累积产气量均远大于常规气藏。

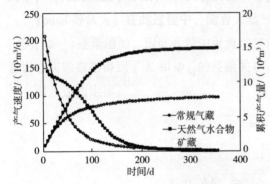

图7-63 常规气藏与天然气水合物矿藏的产气速率及累积产气量对比曲线

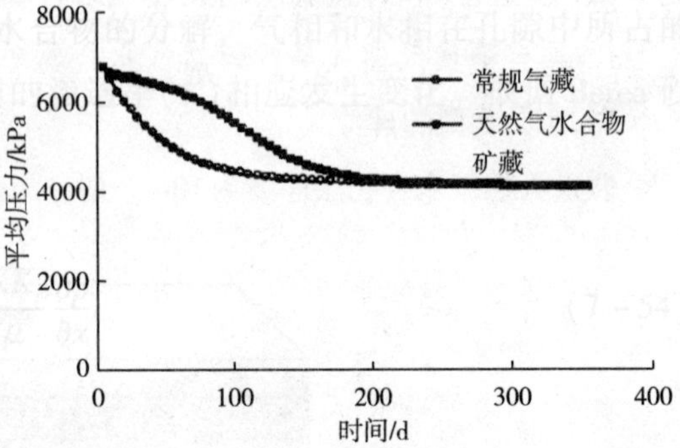

图7-64 常规气藏与天然气水合物矿藏模型平均压力对比曲线

从平均压力对比曲线来看，天然气水合物矿藏的压力下降速率比常规气藏要慢，这是由于天然气水合物层的分解可产生大量的气体。

3) 天然气水合物矿藏开发规律

图7-65为气井产气速率与天然气水合物分解产气速率及累积产气量的对比。从图中可看出，气井产气速率在开始阶段很高，然后逐渐降低；而天然气水合物矿藏中水合物分解气速率首先升高，到达峰值后又逐渐降低。产生该规

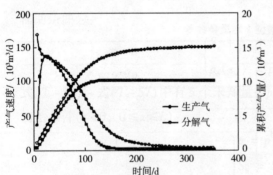

图7-65 天然气水合物矿藏生产气与分解气的产气速率与累积产气量对比曲线

律的原因是：开始时，地层压力与临界压力压差较小，分解速率较慢；随着分解的不断进行，地层压力降低，分解速率逐渐增大，分解产生大量的气体，此时的产气量主要来源于天然气水合物分解而产生的气体；开发后期，随着天然气水合物的分解，其饱和度逐渐降低，分解出的气体量逐渐减少，此时气井产气量一部分来自天然气水合物分解的气体，一部分来自下伏气层。气井累积产气量与天然气水合物分解累积产气量的差值就是从下伏气层中采出的气量。

图 7-66 和图 7-67 分别为生产井产水量和天然气水合物矿藏分解产水量曲线。从图中可以看出，两者在数值上有较大的差异。生产井产水速率首先升高，到达峰值后逐渐降低，并且井的产水速率明显低于天然气水合物分解的产水速率。产生这种规律主要是由于模型初始含水饱和度为束缚水饱和度，水相不能流动，而天然气水合物分解后含水饱和度增大，水逐渐被采出。但天然气水合物分解产生的水还要补充其分解后残留的孔隙体积，因此，生产井累积产水量远远低于分解产生的水。例如，模型中天然气水合物分解产生的水为 $4.8 \times 10^4 m^3$，而从生产井采出的水仅为 $200 m^3$。

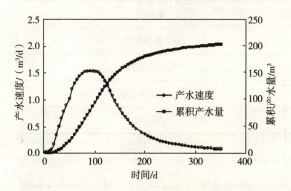

图 7-66 生产井产水速率与累积产水量曲线

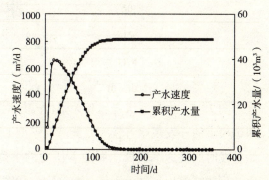

图 7-67 天然气水合物分解产水速率及累积产水量曲线

图 7-68 为天然气水合物矿藏模型各模拟层中天然气水合物饱和度随时间的变化曲线。从图中可以看出，随着天然气水合物的不断分解，其饱和度逐渐降低；各小层饱和度变化稍有差异，越靠近下伏气层的天然气水合物层，其分解越快，相同时间点天然气水合物饱和度越低。图 7-69 为生产 50 天时以生产井为中心的储层天然气水合物饱和度纵剖面，该剖面图也反映出了类似的规律。

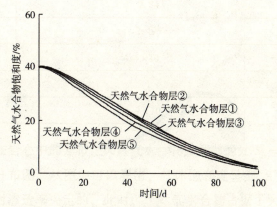

图 7-68 天然气水合物模拟层平均饱和度随时间的变化曲线

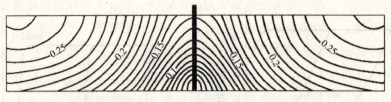

图 7-69　储层天然气水合物饱和度纵剖面(第 50 天)

2. 无下伏天然气层的天然气水合物矿藏模型(模型Ⅱ)

建立没有下伏天然气层的天然气水合物矿藏地质模型Ⅱ,其地质参数与模型Ⅰ中天然气水合物层的参数基本相同(不含自由气层),同样将其划分为 5 个模拟层(图 7-70)。通过对比模型Ⅰ和模型Ⅱ的差异,分析了该模型中天然气水合物的开发规律。

图 7-70　模型Ⅱ地质模型示意图

图 7-71 为有下伏气层和无下伏气层时生产井的产气速率对比图。从图中可以看出,两个模型的开发规律有较大差异。与模型Ⅰ开发过程中产气速率逐渐降低不同,模型Ⅱ开始开发时产气速率较低,而随着压力的下降,天然气水合物开始分解,产气速率逐渐增大,到达峰值后,由于天然气水合物饱和度降低,产气速率又开始递减。从累积产气量对比曲线(见图 7-72)来看,两个模型也有较大差异,产气量的差值就是模型Ⅰ中从下伏气层开发的气量。

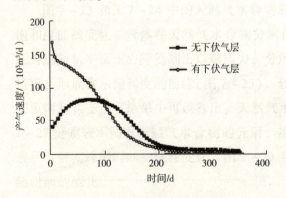

图 7-71　下伏气层对产气速率的影响

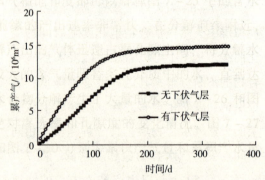

图 7-72　下伏气层对累积产气量的影响

从天然气水合物分解速率对比曲线(图 7-73)以及天然气水合物饱和度对比曲线

(图7-74)可以看出,模型Ⅱ反应速率小于模型Ⅰ,天然气水合物饱和度变化较慢。模拟结果表明,下伏气层的存在利于天然气水合物的开发。

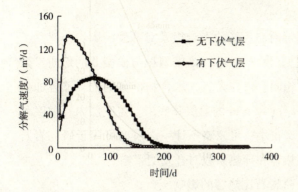

图7-73 天然气水合物分解产气速率变化曲线　　图7-74 天然气水合物饱和度变化曲线

3. 考虑开发反应热的无盖底层模型(模型Ⅲ)

与模型Ⅱ不同的是,模型Ⅲ考虑开发过程中天然气水合物分解吸热反应。将模型Ⅲ的模拟计算结果与模型Ⅱ进行对比,分析结果如图7-75~图7-77所示。

图7-75为反应热对产气速率的影响对比。从图中可以看出,如果不考虑盖底层的热量供给,在天然气水合物分解过程中,地层温度不断下降,天然气水合物分解的临界压力降低,分解速率降低,产气速率曲线比较平缓。从图7-76 天然气水合物饱和度变化图上也可以看出这一点。

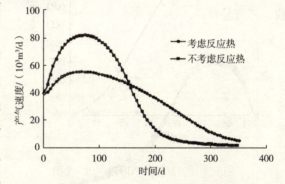

图7-75 反应热对产气速率的影响

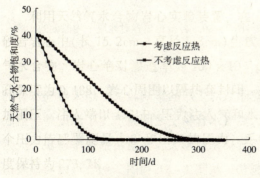

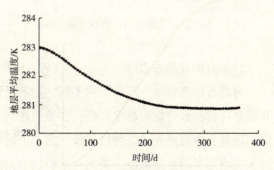

图7-76 反应热对天然气水合物　　图7-77 地层平均温度变化曲线
　　饱和度变化的影响

图 7-77 反映了天然气水合物层的平均温度变化。从图中可以看出,如果没有盖底层热量的供给,天然气水合物的开发,会导致地层温度降低 2K 左右。

4. 考虑开发反应热的有盖底层模型(模型Ⅳ)

为了研究天然气水合物开发过程中盖底层对温度场的影响以及对开发的影响,建立了一个具有盖层和底层的天然气水合物矿藏模型(图7-78)。该模型Ⅳ与模型Ⅱ的地质参数大致相同,仅在天然气水合物矿藏的上、下各加入了一厚度为 10m 的盖层和底层。盖底层内孔隙度和渗透率很小,可忽略不计。该模型可用于研究岩石的比热容和导热系数对开发的影响。

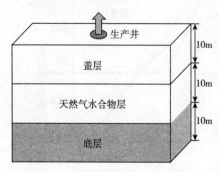

图 7-78 模型Ⅳ地质模型示意图

1)岩石比热容的影响

从图 7-79 和图 7-80 产气速率和地层平均温度变化曲线可以看出,岩石比热容对天然气水合物的开发影响不大,产气量稍有差别——岩石比热容越大,地层温度降低越慢,天然气水合物分解越快,产气量稍高。

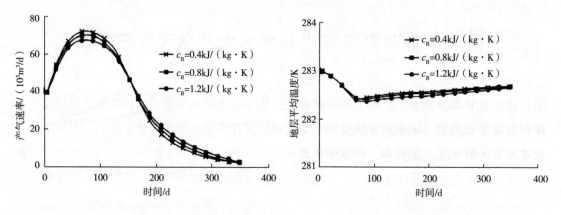

图 7-79 岩石比热容对产气速率的影响　　图 7-80 岩石比热容对地层平均温度的影响

2)岩石的导热系数

与岩石比热容对生产的影响不同,岩石导热系数对生产的影响较大。当天然气水合物开始分解时,水合物层温度降低,在盖底层与天然气水合物层之间就产生了温度差,盖底层热量就会向天然气水合物层传播。因此,岩石导热系数越大,热量传播速率越快,天然气水合物层平均温度越高,天然气水合物分解越快。从图 7-81 和图 7-82 可以明显看出这一规律。

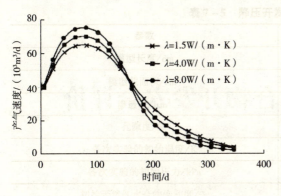

图 7-81 岩石导热系数对产气速率的影响

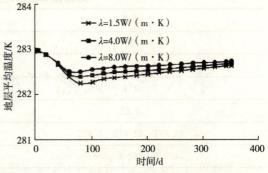

图 7-82 岩石导热系数对地层平均压力的影响

第五节　天然气水合物开发数值模拟研究中存在的问题

天然气水合物存在于储层的多孔介质中，其中流体的渗流是一个非常复杂的过程。目前关于这一领域的研究还处于沿用油气渗流理论解释的阶段，天然气水合物的渗流机理还不是十分清楚。达西定律在天然气水合物矿藏中是否适用，天然气水合物分解过程对渗流的影响如何，天然气水合物分解后储层参数变化规律如何，等等，都是科学家需要继续深入研究的课题。基于此，目前天然气水合物矿藏流体渗流机理数学模型在以下几方面需要完善。

(1) 储层参数变化规律。

在天然气水合物的分解过程中，许多储层参数都会发生一定程度的变化，特别是多孔介质的渗透率，水、气的相对渗透率等参数的变化比较明显，并且其变化对天然气水合物矿藏的开发影响较大。目前在这方面已经开展了部分研究工作，但规律研究还不系统，未真正认识储层参数变化机理，也未提出适合于模型应用的参数和指标。

(2) 天然气水合物开发机理。

对于天然气水合物的生成/分解机理分析，科研人员已经开展了大量的工作，但大都是在实验室的纯水体系或者填砂管中完成的，几乎没有用天然气水合物真实岩心测定的。实践表明，实验室研究结果与储层条件下的结果有一定的差异。关于天然气水合物在储层条件下分解、流动、开发，以及可能存在的再生成过程，应该继续开展更加深入的研究。

(3) 储层颗粒运移。

天然气水合物储层中存在多种固相，如天然气水合物、冰、储层砂粒等。在开发过程中，随着储层压力、温度等参数的变化，必然引起这些固体颗粒的运动，并且在运动过程中其形态和相态也在不断变化，因此，如何描述这些固体颗粒在储层中的运移规律也是一个目前亟待解决的问题。

第八章 天然气水合物开发安全评价

本章重点对天然气水合物开发安全评价进行介绍，着重分析了天然气水合物与全球气候变化、海洋地质灾害及海洋生物灾害的关系。

天然气水合物的开发和分解，与海洋地质灾害和全球气候有着十分密切的关系。天然气水合物仅仅在低温和高压状态下才能稳定存在，同自然环境处于十分敏感的平衡之中。当赋存条件因种种原因(如气候变化、构造活动、地震、火山、人为开发等)发生变化时，往往会导致天然气水合物的失稳和释放，从而有可能造成海洋地质灾害或影响全球气候变化，引发强烈的环境效应。因此，世界各国对天然气水合物的研究开发持以非常谨慎的态度，在研究其资源前景的同时，也在研究与其相关的地质灾害，防止或尽可能减少天然气水合物开发利用造成的不良环境影响。

一、天然气水合物与全球气候变化

自然条件下，大气中的氧、氮不吸收太阳散射的能量，对地面反射的在红外波长区的射线也无作用。大气中的微量组分虽可透过太阳散射的能量，但却能吸收红外射线，从而导致大气变热，甚至产生温室效应。

甲烷是绝大多数天然气水合物的主要成分，同时也是一种反应速率快、影响明显的温室效应气体。甲烷是大气中重要的微量组分之一，且由于天然气水合物会因失稳而发生分解释气，导致逸散甲烷气以每年0.9%的增速进入大气。天然气水合物中甲烷的总量大致是大气中甲烷总量的3000倍。图8-1所示是大气中主要微量组分对温室效应的相对贡献。大气中的甲烷浓度仅是二氧化碳的0.5%，但对温室效应的贡献却占15%，由此可见，甲烷的温室效应约是二氧化碳的50倍。甲烷同时还是温室效应气体二氧化碳和水蒸气的潜在来源。

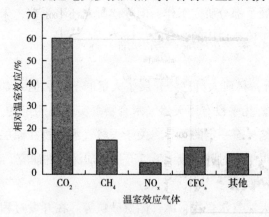

图8-1 主要的温室效应气体及它们对地球变暖的相对贡献

所以，天然气水合物中甲烷的释放将对大气圈的组分构成巨大的影响，进而影响全球气候的变化。研究天然气水合物对于确保将来拥有洁净而充足的能源供应，以及更好地理解甲烷在整个地质时期作为气候改变的动因都具有不同寻常的意义。

从全球范围来看，海平面下降和气候变暖是引发天然气水合物大规模分解的两大主要因素。冰期海平面的下降导致作用在天然气水合物上的静水压力减小，从而使天然气水合物变得不稳定，并且释放出的大量甲烷进入大气层。气候变暖主要通过三个途径来影响天然气水合物的分解：①全球变暖使气温升高，造成极地冻土带内的天然气水合物分解；②全球变暖导致温度较高的海流流向发生变化，进而引发某个蕴藏地点的甲烷气体释放，例如，受冰盖融化的冷水流入海洋的影响，湾流易于改变流向，而当湾流流经天然气水合物层的上方时（如巴伦支海），下面的天然气水合物就会分解；③全球变暖导致海水温度升高，造成海底天然气水合物的分解（但在通常情况下，由于海水热容较大，底层海水的升温不会很显著；同时，全球变暖时，海平面上升，导致静水压力增加，反而可增加天然气水合物的稳定性，从而可部分或完全抵消海水温度升高对天然气水合物稳定性造成的影响）。

然而，研究者们对从天然气水合物中释放出的温室气体量是否足以导致全球变暖尚有争论。Kvenvolden 认为，现在天然气水合物分解产生的甲烷量可能还不够多，并不能显著地影响全球气候变暖。Max 和 Lowrie 也指出，既然从天然气水合物中释放出的气体很大部分可以溶解于海水中或立即被硫酸盐氧化，那么实际到达大气层中的温室气体量并不多。但 Pauli 等研究认为，从天然气水合物中释放出的甲烷能在一定时期内达到峰值，并可导致全球气温上升。Pauli 的观点在随后的研究中多次被证实。南极冰心记录也显示，地史上大气中甲烷量的增加趋势与全球变暖趋势相平行，这表明甲烷在全球升温过程中扮演着重要的角色。研究者们将某一时期大量甲烷从天然气水合物中急剧释放出来的现象形象地称作"甲烷嗝（Methane Burp）"。Kerr 认为，这些释放出来的甲烷可能被氧化形成二氧化碳，最终进入大气中，使地球温度升高 $4 \sim 8 ℃$。大约 $5500 \times 10^4 a$ 前的古新世末期化石证据表明，那一时期海洋和陆地的温度都急剧上升，在世界范围内形成了一次温度异常晚古新世温度峰值（Late Paleocene Thermal Maximum，LPTM）。这是研究人员发现的天然气水合物释放甲烷影响全球气候变化的十分古老的迹象。

虽然目前还没有充足的证据判断地质历史时期释放到大气中的甲烷数量究竟有多少，但学术界对于地史上某些特定时期特定事件（如海平面的降低和全球变暖等）导致的天然气水合物大规模分解，从而释放出甲烷使气候变暖的认识是一致的。这种过程要么中和了全球气候变冷的程度，使气候的波动趋于稳定（例如大约 $1.5 \times 10^4 a$ 前发生的一次甲烷气体释放使地球的上一个冰期在很短的时间内突然结束）；要么因天然气水合物的分解而加剧了气候变暖的趋势，使气候变得更不稳定，甚至可能造成全球气温灾难性地上升。

从地史角度看,全球气候变化与天然气水合物释放甲烷有关。在海平面下降期间(即冰期),由于海水静压力减小,引起外大陆边缘沉积物中天然气水合物释放出甲烷,并逐渐引发冰川消退。随着气温上升,全球转暖,冰川和两极冰盖融化,大洋也受热膨胀,这些综合因素导致海平面上升。由于消融冰盖压力的降低和温度的升高,引起永冻带的天然气水合物分解释放甲烷,从而有助于结束冰期(图8-2)。末次冰期时,某些天然气水合物分布带的巨大滑坡可能解释了为什么冰心记录中突然出现体积数几倍于当时大气中常规甲烷含量的甲烷气体。迄今研究比较详细的是挪威外陆架Storegga海底滑坡的情形,该海底滑坡在首次崩塌时可能就已释放了$5 \times 10^{12} kg$甲烷。因此,冰期某些时段,一次巨型海底滑坡可能触发气候突然增暖、冰盖融化、海平面上升。伴随巨型滑坡之后的甲烷释放、气温升高和极地海侵作用,可能导致规模较小但较频繁的永冻层下天然气水合物的分解。上述因素再加上来自陆上沼泽地的甲烷气体释放,大气中甲烷含量可在较长时间内将持续增加。

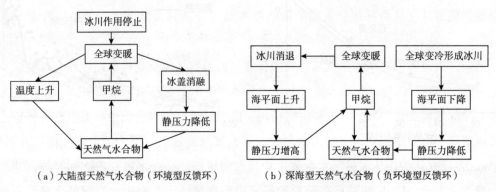

(a) 大陆型天然气水合物(环境型反馈环)　　(b) 深海型天然气水合物(负环境型反馈环)

图8-2 天然气水合物分解影响冰川旋回示意图

随着地球温度受温室效应的影响而不断上升,一旦地层中的天然气水合物分解,将会造成恶性循环,严重影响全球的气候条件。但从另一角度来看,天然气水合物也可对改善环境做出贡献。美国和日本均在研究如何将工业废气中的二氧化碳富集后使之在海底(温度$2 \sim 4 ℃$)生成水合物,从而将二氧化碳弃置于海底。

迄今为止,人们对于极地区和海洋区水合物中天然气的释放量及天然气水合物分解和释放的动力学过程仍然没有了解清楚,以至于难以确定天然气水合物究竟是气候和环境变化的缓冲剂还是加速剂,或者在何种程度上影响全球的气候和环境。因此,目前关于天然气水合物与全球气候变化关系的研究已成为全球变化中一个活跃的前沿课题。

二、天然气水合物与海洋地质灾害

天然气水合物层是一种仅被气体水合物准固结的沉积层,具有极大的脆弱性和不稳定性。洋流、重荷、地震、火山、构造活动和海平面升降等均可引起天然气水合物层大块体滑动或天然气水合物急剧分解，从而导致海底滑坡、浊流、气涡旋等自然灾害。天然气水合物引发的海底滑坡、滑塌和浊流事件已在很多海域(如西南非洲大陆斜坡和隆起、美国大西洋大陆斜坡、挪威海域等)被发现。天然气水合物引发气涡旋的最典型地域就是百慕大三角，那里的天然气水合物常急剧分解形成甲烷云，当轮船、飞机陷入这种环境时容易失事。

海底滑坡通常被认为是由地震、火山喷发、风暴波和沉积物快速堆积等事件或坡体过度倾斜所引发的。然而，近年来研究者不断发现，因海底天然气水合物的分解而导致斜坡稳定性的降低，是产生海底滑坡的另一重要原因。

一种观点认为，海底天然气水合物稳定带是在一定的温压条件下形成的(温度约0~10℃，压力大于10MPa)。天然气水合物连续不断的沉积使自身越埋越深，当天然气水合物层底部的温度高到自身不稳定时，固态气体水合物则变为液态的气水混合物，导致气体水合物层底部可能因质量负荷或地震等出现剪切强度降低的薄弱区域，从而发生大片水合物层的滑坡，并带动岩层流动或崩塌，接着甲烷气体会释放到水层中(图8-3)。在西南非洲、美国和挪威等地的浅海滩已发现上述岩层崩塌下滑现象。

另外，当压力减小(如海平面下降)或温度升高(如全球变暖或火山喷发引发海水温度升高)时，大陆斜坡上的天然气水合物稳定带也将发生变化，一部分天然气水合物将分解释放出气体，使天然气水合物带从半胶结状态转变为充满气体的状态，从而使沉积物胶结强度减弱。除非孔隙水能随意流动，否则这种气体的释放同时将导致孔隙压力的过剩，从而降低斜坡的稳定性，最终导致海底滑坡的发生。由于海底天然气水合物稳定带底部比海底斜坡底部倾斜角度更大，滑坡通常沿海底天然气水合物稳定带底部发生。

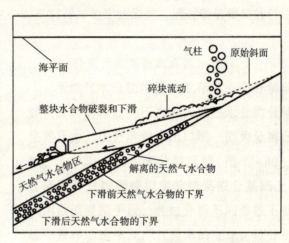

图8-3 压力和温度变化对水底天然气水合物的影响(海底地层滑动并释放气体)

根据现有资料，这种类型的海底滑坡体通常具有以下几个特征：①可发生于坡度小于或等于5°的海底斜坡上；②滑坡体的顶部深度接近天然气水合物分布带的顶部深度；③在滑坡体下面的沉积物层中几乎没有天然气水合物。

Kayem等研究了阿拉斯加波弗特海的大陆斜坡滑塌变形带，这个变形带与根据地震剖面推断的天然气水合物沉积区一致。他们认为，在最近的更新世海退期间，海平面在前28000~17000年期间下降了大约100m，导致作用在海底的总应力减少了大约1MPa，因而引起天然气水合物带底部的分解，导致大面积的滑塌变形。

海底滑坡是能产生巨大危害的海洋地质灾害之一。大规模发生的海底滑坡不但会对海上交通运输和通信等引发一系列问题，而且能导致海啸，极大地危害着人们的生命和财产安全。研究者们已经认识到，天然气水合物是诱发海底滑坡等海洋地质灾害的重要因素。这种认识对于在天然气水合物蕴藏地带附近的石油和天然气的勘探、开发和运输活动都具有不可忽视的指导作用。

从全球分布来看，陆源有机质在海底的分解提供了形成天然气水合物所需的碳氢气体，由天然气水合物引发的海底滑坡主要发育于大陆坡上。Kayen 和 Lee 计算了波弗特海海平面下降后砂质和黏土质沉积物中因天然气水合物分解而产生的过剩孔隙压力。结果表明，该海域的海底滑坡是由不具渗透性的黏土质沉积物中天然气水合物的分解造成的(图8-4)。天然气水合物分解引发海底滑坡最著名的例子是挪威海岸的 Storegga 滑坡体，这也是目前为止发现的最大的海底滑坡体之一，其范围从挪威西海岸一直延伸至冰岛南部。该滑坡体所涉及的沉积物年代从第四纪到早第三纪，先后发生了 3 次滑坡事件。Bouriak研究后认为，至少 Storegga 发生的第二次滑坡是由距今 8000a 前的一次天然气水合物分解所触发的。根据对海底探测的结果，8000a 前位于挪威大陆边缘总量大约 5600km³ 的沉积物从大陆坡上缘向挪威海盆滑动了 800km，当时引起的海啸造成了毁灭性的后果。Pauli 等对美国大西洋大陆斜坡上的 Cape Fear 滑坡体进行了放射性碳同位素研究。他们发现，大部分的岩心缺少 14~25ka 的沉积序列，并认为这与最后一次冰期期间天然气水合物分解而引发的多次坍塌事件有关。对非洲沿岸、加利福尼亚北部沿岸、南美亚马孙河冲积扇、新西兰、日本海南部和地中海东部等地滑坡体的研究也都表明，天然气水合物的分解是引发海底滑坡的原因之一。一些海底滑塌区附近的地震资料显示，许多正断层向下收敛于天然气水合物稳定带底界面或这个界面附近，在美国大西洋边缘几乎所有的海底滑塌均位于天然气水合物层上部边界附近。布莱克海岭的一个 38km×18km 的大型复合式滑塌构造仅卷入了天然气水合物稳定带的沉积物。

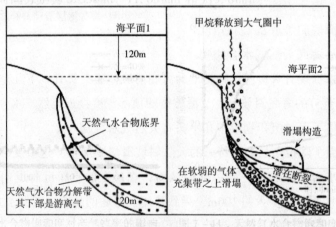

图 8-4 天然气水合物分解导致海底滑坡示意图

与天然气水合物相关的海底滑坡研究，是目前滑坡研究的一个新的方向。但由于研究手段和条件（主要通过地震反射剖面和岩心取样进行研究）的限制，对这种由天然气水合物引发的海底滑坡体性质和滑坡动力学的认识远不及对陆地滑坡的认识完善，尚存在一系列基础问题有待解决。今后这方面研究的重点将是：①天然气水合物蕴藏区域沉积物力学特性研究；②沉积物对天然气水合物形成和分解时导致理化条件变化的力学响应研究；③因天然气水合物分解而引发的海底滑坡事件的数值模拟研究；④该海底滑坡触发机制动力学研究。

为了估价天然气水合物在海底稳定性中所起的作用，需要做到以下几个方面：①改进测量敏感环境（如天然气水合物稳定带上界面附近的大陆斜坡）中天然气水合物和游离天然气分布、集中的方法技术；②更好地了解天然气水合物和天然气是如何影响围岩的物理性质（如剪切强度）的；③研究开发能可靠地探测沉积物中天然气水合物的技术方法，如遥感方法。

三、天然气水合物与海洋生物灾害

既然从天然气水合物中释放出的温室气体能对全球气候变化产生重要影响，那么，这种影响必然会涉及地球上的生物群落。Katz 等提出，由于气温的快速升高，使高纬度地区成为哺乳动物的迁徙方向，这种因天然气水合物而导致的全球变暖可能曾对陆地上哺乳动物的进化产生过重要作用。例如，$5500 \times 10^4 a$ 前，天然气水合物大量分解事件导致的全球突然变暖使北极圈内出现了鳄鱼。但目前备受学术界关注的是天然气水合物与海底生物灭绝的直接关系。根据 ODP690 孔和 ODP865 孔的高分辨率碳同位素记录，Dickens 认为，从天然气水合物中突然释放出的大量甲烷气体是导致古新世与始新世分界面上（$5500 \times 10^4 a$ 前）1/2~2/3 底栖海洋动物灭绝的原因。在这次事件中，陆地生物、海洋表层生物和海洋底层厌氧生物并未受影响，但底部沉积物中生物碳酸盐壳体却发生了溶解。这表明氧含量在海洋底层或近底层减小了，而溶二氧化碳的含量和酸度在底层却增加了。浮游有孔虫氧同位素数据指示，深层水温度在 1000a 内从 11℃ 增加至 14℃。沉积物有机质中碳同位素组成也发生了剧烈的变化，$^{12}C/^{13}C$ 在这个分界面上急剧增加。Dickens 排除多种可能因素，最后认为，大量天然气水合物的急剧分解是导致这一时期海洋底栖生物灭绝的原因。Bains 等随后在 ODP1051B 孔和 ODP690B 孔的氧碳同位素的研究中也为发生在 $5500 \times 10^4 a$ 前的这次底栖海洋动物的灭绝提供了证据，并指出这次天然气水合物的分解是一次全球性而非局部或区域性的事件。Katz 等也发现，ODP1051 孔的古新世与始新世分界面上 55% 的有孔虫种类消失，并且 60% 的种类消失是伴随着碳同位素比值的偏移立即产生的，这同样为天然气水合物的分解是这次事件产生的原因提供了强有力的证据。

除发生在古新世与始新世分界面上的海底生物灭绝事件与天然气水合物的大规模分解

有关外，研究人员还发现，发生在二叠纪与三叠纪分界面(251 Ma BP)、三叠纪与侏罗纪分界面(200 Ma BP)、早侏罗纪托阿尔阶(183 Ma BP)、早白垩纪中维克特阶(116 Ma BP)、白垩纪森诺曼阶与土仑阶分界面(91 Ma BP)和白垩纪与第三纪分界面上的大量海底生物灭绝，特别是单细胞海底生物的灭绝，均与天然气水合物的大规模快速分解有关。

生物多样性是人类赖以生存的条件，也是经济得以持续发展的基础。海洋生物多样性不仅可为未来人类提供所需的食物、原料和药品等，同时对调节和维持生态平衡，稳定环境具有重要作用。但由于海洋生态系统和生物多样性的脆弱性，它们一旦遭受破坏，就很难再恢复。大规模天然气水合物分解导致海底生物灭绝的地史事件表明，如何有效地保护脆弱的海洋生态系统和生物多样性，是天然气水合物开发过程中必须重视和谨慎对待的问题之一，也是关系到人类可持续发展的重大问题之一。

参 考 文 献

[1] 蒋国盛,王达,汤凤林,等. 天然气水合物的勘探与开发[M]. 武汉:中国地质大学出版社,2002.

[2] 周怀阳,彭晓彤,叶瑛. 天然气水合物[M]. 北京:海洋出版社,2000.

[3] 史斗,孙成权,朱岳年. 国外天然气水合物研究进展[M]. 兰州:兰州大学出版社,1992.

[4] 业渝光. 地质测年与天然气水合物实验技术研究及应用[M]. 北京:海洋出版社,2003.

[5] 李士伦,王鸣华,何江川. 气田及凝析气田开发[M]. 北京:石油工业出版社,2002.

[6] 胡玉峰. 天然气水合物及相关新技术研究进展[J]. 天然气工业,2001,21(5).

[7] 方银霞. 海底天然气水合物的研究进展[J]. 海洋科学,2000,24(4).

[8] 廖健. 天然气水合物相平衡研究的进展[J]. 天然气工业,1998,18(3).

[9] 孙志高. 气体水合物相平衡测定方法研究[J]. 石油与天然气化工,2002,30(4).

[10] 吴志强. 海域天然气水合物的岩石物性研究[J]. 海洋地质动态,2004,20(6).

[11] 徐勇军. 表面活性剂对水合物生成的影响及其应用前景[J]. 天然气工业,2002,22(1).

[12] 王丽等. 影响天然气水合物形成因素的实验研究[J]. 天然气工业,2002,22(增刊).

[13] 左有祥. 将PT状态方程应用至高压电解质体系[J]. 石油学报,1992,43(1).

[14] 王宏斌,张光学,杨木壮,等. 南海陆坡天然气水合物成藏的构造环境[J]. 海洋地质与第四纪地质,2003,23(1).

[15] 张光学,黄永样,陈邦彦. 海域天然气水合物地展学[M]. 北京:海洋出版社,2003:253.

[16] 赵祖斌,梁劲,程思海,等. 沉积物间隙水中硫酸盐与甲烷相互关系的研究进展[J]. 海洋科学,2001,25(9).

[17] Alexei V M. Global estimates of hydrate-bound gas in marine sediments: how much is really out there[J]. Earth-Science Reviews, 2004, 66.

[18] 黄永祥,张光学. 我国海域天然气水合物地质:地球物理特征及前景[M]. 北京:地质出版社,2009.

[19] 王秀娟,吴时国,刘学伟,等. 基于电阻率测井的天然气水合物饱和度估算及估算精度分析[J]. 现代地质,2010,24(5).

[20] 吴时国,姚伯初. 天然气水合物形成的地质构造分析与资源评价[M]. 北京:科学出版社.

[21] Kvenvolden K A. Gas hydrates-geological perspective and global change[J]. Reviews of Geophysics, 1993, 31.

[22] Tinivella U. A method for estimating gas hydrate and free gas concentrations in marine sediments[J]. Bollettinodi Geofisica Teoricaed Applicata, 1999, 40(1).

[23] 郭平,杨金海. 超声波在凝析油临界流动饱和度测试中的应用[J]. 天然气工业,2001,21(3).

[24] 郑茂俊. 超声波在油田开发中的应用及作用机理[J]. 物理,1996,25(9).

[25] 杜亚和, 郭天民. 天然气水合物生成条件的预测[J]. 石油学报(石油加工), 1988, 4(3).
[26] 邱晓林. 含硫天然气水合物形成条件及预防措施[J]. 石油与天然气化工, 2002, 31(5).
[27] 李金平. 多孔介质中气体水合物相平衡研究进展[J]. 石油与天然气化工, 2004, 33(5).
[28] 石森, 白冶. 气体水合物的基本特征、形成条件及成因初探[J]. 矿物岩石, 1999, 19(3).
[29] 卢振权. 南海潜在天然气水合物藏的成因及形成模式初探[J]. 矿床地质, 2002, 21(23).
[30] 何拥军. 海洋天然气水合物存在的识别标志[J]. 海洋地质动态, 1999, 6.
[31] 陈建文. 天然气水合物的地球物理识别标志[J]. 海洋地质动态, 2004, 20(6).
[32] 方银霞. 天然气水合物的勘探与开发技术[J]. 中国海洋平台, 2002, 17(2).
[33] 祝有海. 南海天然气水合物成藏条件与找矿前景[J]. 石油学报, 2001, 22(5).
[34] 樊栓狮. 海洋天然气水合物的形成机理探讨[J]. 天然气地球科学, 2004, 15(5).
[35] 刘士鑫, 郭平, 达世攀, 等. 气田生产中天然气水合物生成体系的实验研究[J]. 天然气工业, 2005, 25(11): 97-99.
[36] 税碧垣. 天然气水合物储存技术应用研究与发展[J]. 天然气工业, 2000, 20(2).
[37] 樊栓狮. 天然气水合物储存与运输技术[M]. 北京: 化学工业出版社, 2005.
[38] 林徽, 陈光进. 气体水合物分解动力学研究现状[J]. 过程工程学报, 2004, 4(1).
[39] 杜晓春, 黄坤, 孟涛. 天然气水合物储运技术的研究和应用[J]. 石油与天然气工, 2005, 34(2).
[40] 李化, 罗小武, 江伍英, 等. 天然气水合物储运技术综述[J]. 天然气与油气开发, 2006, 24(3).
[41] 陈宝宏, 韩璐, 李良君, 等. 天然气水合物相关技术研究进展[J]. 河南石油, 2004, 18(3).
[42] 高伟. 天然气水合物相平衡及其表面张力影响研究[D]. 南京: 东南大学, 2005.
[43] 李淑霞, 陈月明, 杜庆军. 天然气水合物开发方法及数值模拟研究评述[J]. 中国石油大学学报(自然科学版), 2006, 30.
[44] 郝永卯, 薄启炜, 陈月明, 等. 天然气水合物降压开发实验研究[J]. 石油勘探与开发, 2006, 33.
[45] 冯自平, 沈志远, 唐良广, 等. 水合物降压分解的实验与数值模拟[J]. 化工学报, 2007, 58(6).
[46] 陈光进, 孙长宇, 马庆兰. 气体水合物科学与技术[M]. 北京: 化学工业出版社, 2007.
[47] 邱钰文. 气体水合物相平衡机理及分离技术[D]. 东营: 中国石油大学(华东), 2009.
[48] 周诗崟, 余益松, 张晓萍, 等. 表面活性剂对气体水合物反应液表面张力的影响[J]. 天然气化工(C_1化学与化工), 2013, 38(1).
[49] 李淑霞. 天然气水合物开发物理模拟与数值模拟研究[D], 东营: 中国石油大学(华东), 2006.